首都经济贸易大学出版基金资助

北京市优秀人才培养资助项目（2014000020124G126）

BERKSON
测量误差模型的
统计推断及其
在可靠性分析中的应用

张赛茵 ◎ 著

首都经济贸易大学出版社

Capital University of Economics and Business Press

· 北 京 ·

图书在版编目(CIP)数据

Berkson 测量误差模型的统计推断及其在可靠性分析中的应用/张赛茵著. -- 北京:首都经济贸易大学出版社,2018.10

ISBN 978 - 7 - 5638 - 2848 - 7

Ⅰ. ①B… Ⅱ. ①张… Ⅲ. ①测量误差—数据模型—统计推断—应用—可靠性数据—分析 Ⅳ. ①TB114.3

中国版本图书馆 CIP 数据核字(2018)第 190464 号

Berkson 测量误差模型的统计推断及其在可靠性分析中的应用
张赛茵　著

责任编辑	刘　欢　彭　芳	
封面设计	砚祥志远·激光照排　TEL: 010-65976003	
出版发行	首都经济贸易大学出版社	
地　　址	北京市朝阳区红庙（邮编 100026）	
电　　话	(010)65976483　65065761　65071505(传真)	
网　　址	http://www.sjmcb.com	
E - mail	publish@cueb.edu.cn	
经　　销	全国新华书店	
照　　排	北京砚祥志远激光照排技术有限公司	
印　　刷	北京玺诚印务有限公司	
开　　本	710 毫米 × 1000 毫米　1/16	
字　　数	140 千字	
印　　张	7	
版　　次	2018 年 10 月第 1 版　2019 年 12 月第 2 次印刷	
书　　号	ISBN 978 - 7 - 5638 - 2848 - 7/TB·4	
定　　价	35.00 元	

前　言

本书主要介绍 Berkson 测量误差模型的统计推断及其在可靠性退化试验分析中的应用。众所周知，在 EV(error‐in‐variable)模型中假定协变量的真实值与其测量误差独立；若协变量的观测值与测量误差独立，则称为 Berkson 测量误差模型。这两种误差结构之间的差异导致参数估计与推断方法存在较大差异。Berkson 测量误差模型在工业、农业、流行病学、经济学等领域有广泛的应用。

随着现代科学技术的发展，产品的寿命越来越长。若按照传统的加速寿命试验技术进行产品的评估，往往难以在可行的时间内获得足够的失效数据，所以，加速退化试验成为一种越来越实用的可靠性分析方法。加速退化试验就是在高应力水平下收集退化数据，然后估计在正常使用条件下产品的可靠性。但是在许多情况下，在对产品施加高应力时，由于各种各样的原因，输出的应力会带有误差，此时应力的误差与设定的应力水平独立，这类误差就是 Berkson 测量误差。统计研究表明，忽略这些误差会导致效应参数的有偏估计，从而导致预测寿命出现偏差。

本书为两类退化试验建立了 Berkson 测量误差模型。首先，当退化数据独立时，即在破坏性加速退化试验的情况下，考虑了应力带有误差的 Berkson 测量误差模型，给出了模型中参数和各种可靠性指标的估计方法，推广了最小距离估计，并证明了所得估计的相合性和渐近正态性。其次，考虑了非破坏性加速退化试验。此时，退化数据是由产品随时间延长不断地测量而得到的退化量，是纵向数据。这种试验建立了应力带有误差的加速退化试验模型，给出了在应力个数固定时模型参数的估计方法。接下来，本书考虑了一类多元超结构 Berkson 测量误差模型，即协变量不是独立同分布的 Berkson 测量误差模型，给出了该模型中参数的相合估计,推导了估计的渐近分布,并把该方法应用到了一元超结构 Berkson 测量误差模型中。最后,针对不同来源的几组相关数据集,研究了部分线性模型的加权似然推断问题,给出了加权似然估计的相合性和渐近正态性。模拟结果表明,在均方误差意义下,加权似然得到的估计优于经典的极大似然估计,并把新的估计方法应用到艾滋病临床试验数据分析中。

　　由于作者水平有限,疏漏与不足在所难免,恳请同行及广大读者批评指正。

目　录

1 绪论

Berkson 测量误差模型与经典 EV 模型的不同之处在于测量误差与可观测变量之间是相互独立的。Berkson 测量误差模型虽然看起来有些不可思议，但是在工业、医学和农业生产等领域中常常是一种合理的选择。

本书主要研究 Berkson 测量误差模型在可靠性中的应用，考虑了应力带有 Berkson 测量误差的加速退化试验模型，给出了寿命的估计，并分析了产品的各种可靠性指标。

下面首先对可靠性指标、退化数据、加速退化试验等可靠性中的知识进行简要介绍，然后对 EV 模型、Berkson 测量误差模型、纵向数据等进行简单回顾。

1.1 常见的可靠性指标及其概率解释

在工程中，为了定量描述产品的可靠性，通常采用一些数量指标。一方面，这些数量指标能够从某一角度反映产品的可靠性或寿命的状态，具有明确的工程意义；另一方面，它们具有概率统计方面的特征，可以用概率统计的方法对其进行统计推断。本节主要介绍在可靠性数据分析中常用的一些数量指标及它们的工程意义和统计特征。

1.1.1 可靠度和可靠寿命

产品的可靠度函数，简称可靠度，其定义是产品在规定的时间 t 内和规定的条件下，完成规定功能的概率，通常记为 $R(t)$[①]。把产品从处于完好状态开

[①]赵宇, 杨军, 马小军. 可靠性数据分析教程[M]. 北京: 北京航空航天大学出版社, 2009.

始直到进入失效状态所经历的时间记为 ξ，称它为产品的寿命。它是一非负随机变量，则概率 $R(t)$ 可表示为

$$R(t) = P(\xi > t) \tag{1.1}$$

产品的可靠度 $R(t)$ 是时间的函数，且满足 $0 \leqslant R(t) \leqslant 1$。开始使用时，$R(0) = 1$，即在零时刻产品总能正常工作；随着时间的增加，产品的可靠度越来越低，且 $\lim\limits_{t \to \infty} R(t) = 0$。

在可靠度的定义中，"规定的条件"应引起特别重视。它是指产品的使用条件，如环境条件、维护条件和操作技术等。同一产品在不同条件下工作，表现出不同的可靠性水平，不同工作条件下的数据不能简单地放在一起。例如，一辆汽车在水泥路和沙石路上行驶相同里程，后者故障会多于前者，说明使用条件越恶劣，可靠性越低。因此，不在规定条件下谈论可靠性就失去比较产品可靠性高低的基础。

$R(t)$ 可用频率的观点来解释。如 $R(500) = 0.95$，意味着如果有 1 000 件这样的产品工作 500h，则大约有 950 件能完成规定的功能，而大约有 50 件产品发生故障。产品的可靠度 $R(t)$ 表示产品在 t 时刻能正常工作的概率是多少。在工程中，有时要知道为保证产品正常工作的概率在某一水平 R 以上，产品可以工作多长时间，即根据

$$P(\xi > t) = R(t) = R$$

求相应的时间 t，该时间称为可靠寿命 t_R。可靠度 $R = 0.5$ 时的可靠寿命 $t_{0.5}$ 称为中位寿命，中位寿命反映了产品好坏各占一半可能性的工作时间。

1.1.2 失效分布函数

对于不同的产品，不同的工作条件，寿命 ξ 的统计规律不同。一种产品在一定工作条件下的寿命的规律可以用一个分布函数 $F(t)$ 来描述，即

$$F(t) = P(\xi \leqslant t) \qquad t > 0 \tag{1.2}$$

它表示在规定的条件下，产品的寿命不超过 t 的概率，或者说产品在 t 时刻前发生失效的概率。在可靠性中，寿命 ξ 的分布函数 $F(t)$ 称为失效分布函数或寿命分布函数。$F(t)$ 的推断是可靠性数据分析的核心问题。

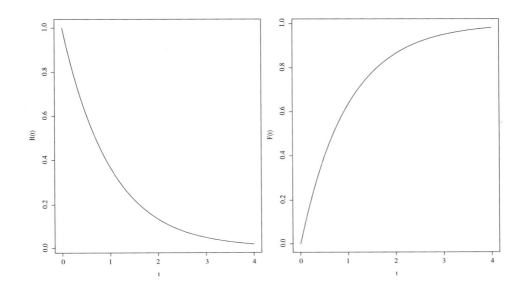

图 1.1 可靠度曲线 $R(t)$ 与分布函数曲线 $F(t)$

由式1.1 和式1.2 容易看出 $F(t)$ 与 $R(t)$ 之间的关系（如图1.1所示）

$$F(t) = 1 - R(t) \qquad t > 0$$

因此，$F(t)$ 也称作产品在 t 时刻的不可靠度。当产品开始使用时，其不可靠度函数值很小；随着时间的增加，产品的不可靠度越来越高，且 $\lim\limits_{t \to \infty} F(t) = 1$。

如果寿命 ξ 是连续型随机变量，则必存在函数 $f(t)$，使得

$$F(t) = \int_0^t f(x)dx \tag{1.3}$$

或者

$$R(t) = \int_t^\infty f(x)dx \tag{1.4}$$

$f(t)$ 称为产品的失效密度函数。

1.1.3 平均寿命

产品的平均寿命是常用的产品可靠性指标之一，由于它直观易懂，常被大

家采用，设产品寿命 ξ 的失效密度函数为 $f(t)$，则它的数学期望

$$E(\xi) = \int_0^\infty t f(t) dt$$

称为产品的平均寿命①。平均寿命是标志产品平均能工作多长时间的量。许多产品，如电视机、计算机、雷达和电台等，都可以用平均寿命作为其可靠性指标，直观地了解它们的可靠性水平。

像灯泡、晶体管这类不可修复产品的平均寿命就是平均寿终时间，或称平均失效前工作时间，记为 MTTF (mean time to failure)。像雷达、电台这类可修复产品的平均寿命指的是平均故障间隔时间，记为 MTBF (mean time between failure)。假如仅考虑首次失效前的一段工作时间，那么两者就没有区别。

对于不完全样本，其平均寿命的估计需要使用寿命分布的统计推断。

1.2 退化数据与退化轨道

目前，大部分可靠性分析方法主要采用的是以失效数据作为统计分析对象的寿命试验，但是随着现代科学技术的发展和工业水平的不断提高，材料、元器件和制造工艺的改进速度得以加快，在电子工业、航空航天、军事、通信工程、机械制造等领域中，产品的可靠性越来越高，寿命越来越长。若按照传统的寿命试验技术进行产品的寿命评估，则往往难以在可行的时间内获得足够的失效数据。另外，寿命试验只是将产品分为正常和失效两种状态，但是在实践中，产品非正常不一定就是失效的，从正常到失效有一个连续的退化过程，产品性能退化的数据包含着大量的寿命信息。于是，人们提出利用产品性能退化数据来估计高可靠、长寿命产品的可靠性。

1.2.1 失效数据与退化数据

常见的寿命试验仅记录失效数据，不太注意失效过程。如果我们注意观察失效过程就会发现：不少产品的主要性能在失效前是逐渐退化的，性能退化到一定程度就判为失效，退化最终导致失效。这种失效过程又称退化过程。

有些退化过程是不能或不易测量的，其功能丧失是突然的，这种失效称为突发型失效。如白炽灯泡的灯丝断裂就是突发型失效。但有不少退化过程是可

①茆诗松，汤银才，王玲玲. 可靠性统计[M]. 北京: 高等教育出版社, 2008.

以设法测量的,所得到的退化量称为退化数据 (degradation data)。由退化导致的失效称为退化型失效。例如,重要设备所用的漆包线常处于 100°C 的容器内,其绝缘电阻 R 会随着时间的延长而逐渐增高,当高于某临界值 R_0 时就判为失效。这时漆包线的绝缘电阻的测量值就是退化数据,只要有一定的仪器,此类退化数据还是较易测量的,并且随着时间的延长可以大量获得。把退化数据按时间顺序联结起来所得的曲线常称为退化曲线或退化轨道,这是产品性能真实退化轨道的写照,常记为 $D(t)$。退化曲线可以是增函数,也可以是减函数。

退化曲线分为以下几种[①]。

1.2.1.1 线性退化

线性退化的退化量的变化率(简称退化率)是常数,即

$$D^{'}(t) = \frac{d[D(t)]}{dt} = b$$

或

$$D(t) = a + bt$$

式中, $a = D(0)$。

有时退化量 $D(t)$ 并非 t 的线性函数,但对 $D(t)$ 或时间 t 做某种变换后可得线性关系,也都归入此类。最常见的是对数变换,如

$$\ln D(t) = a + bt$$

$$D(t) = a + b \ln t$$

$$\ln D(t) = a + b \ln t$$

其中, $b > 0$ 得增函数, $b < 0$ 得减函数。线性退化在统计中有成熟的处理方法,精度也较高,所以线性退化轨道是人们首选的模型。例如,某些材料的损耗量(如磨损量、腐蚀量等)常是 t 的线性函数。在大部分加速退化试验模型的分析中都考虑退化量与时间 t 的线性退化模型。

1.2.1.2 曲线退化

曲线退化有多种,按退化率的正负来分,退化曲线可分为以下两类。

---

①茆诗松, 汤银才, 王玲玲. 可靠性统计[M]. 北京: 高等教育出版社, 2008.

（1）当退化率 $D'(t) > 0$ 时，$D(t)$ 称为增长退化曲线。增长退化也有两种方式：一种是增长退化先慢后快，如金属裂缝，开始一段时间内裂缝增长很缓慢，到一定时间后，裂缝增长越来越快，这种退化曲线呈下凸状，称为凸退化；另一种是增长退化先快后慢，称为凹退化。

（2）当退化率 $D'(t) < 0$ 时，$D(t)$ 称为下降退化曲线。下降退化也有两种方式：一种是下降退化先快后慢，称为凸退化；另一种是下降退化先慢后快，称为凹退化。如某种绝缘材料的寿命是很长的，全新的绝缘材料在工作温度下要几千伏才能击穿，可随着时间延长，绝缘材料会老化(即退化)，其击穿电压也随之下降。当下降到能被 2 kV 电压击穿时就认为材料失效。这种绝缘材料的退化开始很缓慢，且要维持很长一段时间后退化才会加快，其退化曲线呈凹曲线状。

无论哪一类退化曲线，最后都会到达失效状态。判断退化失效的标准称为失效水平，记为 D_f。如上面提到的绝缘材料退化的失效水平 $D_f = 2\text{kV}$。其中，$D(t)$ 与 D_f 相交的时刻 t 就是失效时间。

1.2.2 退化中的波动

假如所有产品都在相同条件和相同环境下制造和使用，失效水平也相同，那么，根据物理的、化学的或工程的模型，其退化轨道应是相同的，失效时间也应该是一样的。可实际不是这样，这是因为建模时仅考虑了主要因子，那些次要因子、随机因子很难考虑进去，即使进入模型的因子，也会有随机波动，而模型外的因子有更多的随机波动。这些随机波动时隐时现，时大时小，时正时负，很难控制，最后综合地表现在退化曲线和失效时间上。因此，退化与波动总是相伴而行，没有波动的退化过程是不存在的。或者说，退化总是受到各种各样波动的干扰，所以要尽力排除干扰，寻找最接近实际的退化曲线。常见的波动有：①产品间的波动，如初始条件的差异、材料性能的波动、元件的形状和大小的差异；②产品内的波动，主要指材料不均匀、制造工艺不一致、元器件筛选不够而引起的波动。

除了上面所描述的材料特性的波动外，退化率还依赖于操作和环境条件。例如，在裂缝退化模型中外加应力大小对退化有影响，并且这种影响是随机的。

由上述分析可见，产品间和产品内的波动，以及产品所受应力的波动等过大，都可使最后的累积波动过大，以至于在退化数据与失效时间之间找不到对应关系。因此，尽可能控制上述波动在退化试验中是很重要的。

退化过程中所发生的各种波动都可用随机变量及其分布描述。所谓控制，就是控制分布的均值和方差，特别要控制方差，越小越好，当方差为零时，波动就消失了。

本书主要分析了产品所受的应力因波动而对产品退化轨道的影响。

1.2.3 退化数据的测量

退化数据的测量有两种：一种是一个产品可随时间延长不断地测量其退化量，如疲劳裂缝增长的测量；另一种是破坏性测量，如测绝缘材料的击穿电压，一个产品只能测量一次，这时为了获得退化信息，就需要较多的产品投入试验。显然，退化数据个数与样品个数相同，虽然试验成本增加了，但退化数据间的独立性得到了保证。

本书在分析外界环境波动对产品退化轨道的影响时，不仅考虑了破坏性测量的情况，也考虑了非破坏性测量的情况。

1.3 加速退化试验

在一些退化问题中，产品的退化是缓慢进行的，有时要在很长时间内才能观察到细微的退化量，这时自然会想到提高某些应力的水平，促使退化加速进行。加速退化试验(accelerated degradation test, ADT)是在失效机理不变的条件下，通过提高应力水平加速产品性能退化，从而搜集产品在高应力下的性能数据，并利用这些数据来估计产品的可靠性及预测产品在正常使用应力下的寿命。进行加速退化试验的目的是通过将样品置于比通常使用条件更严酷的环境中进行试验，加速样品性能的退化，从而通过外推的方法得到产品在正常使用条件下的可靠性。相较于加速寿命试验，加速退化试验克服了仅记录产品失效时间，而忽略产品的失效机理、失效的具体过程以及产品的性能变化情况等方面的不足。此外，加速退化试验克服了试验时间和样品数量的限制。由于高可靠、长寿命产品的性能退化量在相当长的试验时间内变化微乎其微，若采用一般的退化试验对高可靠、长寿命产品进行可靠性分析，为了得到精度较高的统计推断，则需满足以下三个条件：①试验的时间足够长；②测量的次数足够多；③参加试验的样品个数足够多。

但是在工程实践中，这三个条件很难被同时满足。相较于一般的退化试验，加速退化试验可以弥补上述不足，并且能够缩短试验时间，节省试验费用。

加速退化试验模型是利用加速退化试验信息外推产品在正常应力水平下的各种可靠性指标。对于许多产品，特别是电子产品，其加速退化模型可以根据物理、化学原理得到。例如，当温度作为加速应力时，可以根据物理学的阿伦尼斯公式得到加速退化试验模型，公式如下

$$\frac{dM}{dt} = C \times \exp(\frac{-E}{kT})$$

式中，t 为时间；M 为化学反应总量；T 为热力学温度；C 为常数；E 为激活能；E/k 又称激活温度，$k = 1.38 \times 10^{-23} \mathrm{J/K}$，称为玻尔兹曼常数。

此时，热力学温度 T 为应力水平。给定高温度 T 下的化学反应总量可以推出正常温度水平 T_0 下的化学反应总量，从而外推出这种电子产品的各种可靠性指标。

1.3.1 加速退化试验的类型

加速退化试验的类型很多，按照应力施加方式的不同，常用的有三种类型，即恒定应力加速退化试验（简称恒加试验）、步进应力加速退化试验（简称步加试验）和序进应力加速退化试验（简称序加试验）。

1.3.1.1 恒加试验

恒加试验是先选择一组加速应力水平 S_1, S_2, $\cdots$, S_N，它们都高于正常应力水平 S_0，即 $S_0 < S_1 < \cdots < S_N$。然后，将全部样品随机分为 N 组，每组样品都在某个加速应力水平下进行退化试验，直到到达规定的试验时间为止。

1.3.1.2 步加试验

步加试验是先选定一组加速应力水平 S_1, S_2, $\cdots$, S_N，并要求 $S_0 < S_1 < \cdots < S_N$。试验开始时，将所有的受试样品置于应力水平 S_1 下进行试验，直到到达规定的试验时间 τ_1 为止；然后把应力水平提高到 S_2，将未失效的样品在应力水平 S_2 下继续进行退化试验，如此继续下去，直到到达规定的试验时间为止。

1.3.1.3 序加试验

序加试验与步加试验基本相同，不同之处在于所施加的加速应力水平随着时间的增加而连续上升，最简单的是直线上升。

上述三种加速退化试验各有优缺点。首先，从试验持续时间来看，恒加试验所需试验时间最长，步加试验与序加试验可使样品退化更快；其次，步加试验与序加试验可以减少受试样品数；最后，从试验实施和试验数据处理来看，恒加试验操作方法简单，数据处理方法较为成熟，所以实践中经常采用。

本书只考虑了恒加试验中退化模型的分析，步加试验与序加试验将在今后的科研学习中继续讨论。

1.3.2 加速模型

加速退化试验的基本思想是利用高应力水平下的退化数据去外推正常应力水平下的寿命特征，实现这个基本思想的关键在于确定退化量与应力水平之间的关系。

在大部分加速退化试验模型的分析中均考虑退化量与时间 t 的线性退化模型[1]，即

$$y = \alpha - \beta(S)\, t \tag{1.5}$$

式中，y 为某退化量或退化量取 log 变换后的值；α 和 $\beta(S)$ 是与产品特征、几何形状、试验方法有关的常数，α 是退化量在 $t = 0$ 时刻的值，表示退化在初始 0 时刻是一样的，$\beta(S)$ 是加速应力 S 的函数。

当退化量 y 达到一定值 D_f 时产品失效，D_f 被称为失效水平，则可以推出失效时间为

$$t = (\alpha - D_f)/\beta(S) \tag{1.6}$$

在药理学中，D_f 是药品外包装标签上写的药品担保质量，t 是确保这个质量的保质期[2]。

下面介绍几种常用的加速退化试验模型。

---

[1]Nelson W. Accelerated Testing: Statistical Models, Test Plans, and Data Analyses[M]. New York: John Wiley, 1990.

[2]Beal S L, Sheiner L B. Methodology of Population Pharmacokinetics[J]. Drug Fate and Metabolism: Methods and Techniques, 1985, 5: 135-183.

1.3.2.1 阿伦尼斯模型

在加速退化试验中用温度作为加速应力是最常见的, 因为高温能使产品(如电子元器件、绝缘材料等)内部加快化学反应速度, 促使产品快速失效。阿伦尼斯在1880年研究了这类化学反应, 在大量数据的基础上, 提出了如下加速模型

$$y = \alpha - t\beta \exp(-\frac{E}{kT}) \tag{1.7}$$

式中, β 为常数, E 为激活能, 与材料有关, 它的单位是电子伏特 eV; k 为玻尔兹曼常数; T 为热力学温度。

阿伦尼斯模型表明: 退化量随着温度的上升而呈指数下降趋势。当退化到达 D_f 时, 失效时间为

$$t = \frac{\alpha - D_f}{\beta} \exp(\frac{E}{kT})$$

这就是寿命的阿伦尼斯模型[①]。

1.3.2.2 幂律模型

在加速退化试验中, 用电应力(如电压、电流、电功率等)作为加速应力也是常见的。例如, 加大电压能使产品快速退化。在物理上已被很多试验数据证实, 产品的某些退化量与应力之间有如下关系

$$y = \alpha - t\beta\nu^{\gamma} \tag{1.8}$$

式中, β 是产品退化过程中的常数特征; γ是一个与激活能有关的正常数; ν 是电应力, 常取电压[②]。

上述关系称为幂律 (power) 模型, 当退化达到失效水平 D_f 时, 失效时间是

$$t = \frac{\alpha - D_f}{\beta} \nu^{-\gamma}$$

这是寿命的逆幂律模型[③], 它表示产品的寿命是电应力 ν 的负次幂函数。

---

① Vietl R. Statistical Method in Accelerated Life Testing[M]. Gottingan: Vandenhocck Ruprecht, 1988.

② Boothroyd G. Fundamentals of Metal Machining and Machine Tools[M]. New York: McGraw-Hill, 1975.

③ Levenbach G J. Accelerated Life Testing of Capacitors IRA-trans on Reliability and Quality Control[J]. Reliability and Quality Control, IRE Transactions on, 1957, 10: 9-20.

1.3.2.3　艾林模型

当温度和电应力同时作为加速应力时，可用以下加速模型表示：

$$y = \alpha - t\beta \exp(-\frac{\gamma}{T} - \delta V - \varepsilon\frac{V}{T}) \tag{1.9}$$

式中：α，β，γ，δ，ε 为待定常数；T 为温度应力；V 为电应力。

上述模型是艾林 (Eyring) 模型。该模型经常被运用在电子产品的绝缘体研究中。当退化指标达到失效水平 D_f 时，反解出失效时间为

$$t = \frac{\alpha - D_f}{\beta} \exp(\frac{\gamma}{T} + \delta V + \varepsilon\frac{V}{T})$$

这就是寿命的艾林模型[①]。

1.3.2.4　指数型模型

有时退化比例关系是应力 S 的指数函数，也就是

$$y = \alpha - t\beta \exp(\gamma S) \tag{1.10}$$

式中，β 和 γ 是产品退化过程的常数特征。

这个模型可以运用在侵蚀过程，如潮湿等，当退化量达到失效水平 D_f 时，失效时间为

$$t = \frac{\alpha - D_f}{\beta} \exp(-\gamma S)$$

这是寿命的指数型模型。

在加速退化试验设计方面，曾 (Tseng) 等[②]对终止加速退化试验时间提出了一种有效的规则。曾等[③]介绍了当退化路径服从伽马 (Gamma) 过程时的步进应力加速退化模型，给出了在试验成本不超过预算条件下，如何优化步进应力加速退化试验。当退化过程服从维纳 (Wiener) 过程时，利姆 (Lim) 等[④]优化了试验设计方案。

①Mann N R, Schafer R E, Singpurwalla A P. Methods for Statistical Analysis of Reliability and Life Data[M]. New York: John Wiley, 1974.

② Tseng S T, Yu H F. A Termination Rule for Degradation Experiments[J]. IEEE Transactions on Reliability, 1997, 46: 130-133.

③Tseng S T, Balakrish N, Tsai C C. Optimal Step-stress Accelerated Degradation Test Plan for Gamma Degradation Processes[J]. IEEE Transactions on Reliability, 2009, 58: 611-618.

④Lim H, Yum D J. Optimal Design of Accelerated Degradation Tests Based on Wiener Process Models[J]. Journal of Applied Statistics, 2011, 38: 309-325.

　　关于加速退化试验模型已有很多研究,如尼尔森 (Nelson)① 介绍了在分析加速退化试验时常用的几种退化模型。米克 (Meeker) 和埃斯科巴尔(Escobar)② 详细讨论了加速退化数据的分析方法,他们假设退化数据可用混合效应非线性回归模型描述,利用近似极大似然估计法来估计模型参数。埃斯科尔等③ 介绍了各种加速模型,包括加速寿命模型和加速退化模型,并介绍了多种统计模型在加速模型中的应用。谢(Hsieh) 等④ 研究了离散型退化过程,即退化轨道为阶梯函数。此时,产品发生退化的确切时间及退化量都不能观测,只能定期观测到累积退化量,故考虑用非齐次泊松 (Poisson) 模型来分析。潘(Pan) 等⑤ 研究了在恒定应力加速退化试验中,产品能观测到两个不独立的退化特征的情况,用维纳过程及联系函数 (Copula) 建立了退化模型。谢等⑥ 用非齐次威布尔 (Weibull) 复合泊松模型来分析离散型加速退化模型,用广义极大似然给出了模型中参数的估计方法。卢 (Lu)等⑦ 在研究电子元件的退化数据时应用幂律模型建立了加速应力情况下的退化轨迹函数,并将该问题通过变换转换为一个线性模型,给出了模型的一种改进的最小二乘估计,进一步估计了产品的平均寿命。萧(Shiau) 等⑧ 利用非参数回归方法分析了加速退化数据,该方法假定变化的应力水平只影响性能退化率,不影响退化曲线的形状,从而弱化了回归函数形式的假设,让加速退化数据在加速退化模型的拟合过程中发挥主导作用。于(Yu)等⑨ 通过对一种汞

① Nelson W. Accelerated Testing: Statistical Models, Test Plans, and Data Analyses[M]. New York: John Wiley, 1990.

② Meeker W Q, Escobar L A, Lu C J. Accelerated Degradation Tests: Modeling and Analysis[J]. Technometrics, 1998, 40: 89-99.

③Escobar L A, Meeker W Q. A Review of Accelerated Test Models[J]. Statistical Science, 2006, 21: 552-577.

④Hsieh M H, Jeng S L, Shen P S. Assessing Device Reliability Based on Scheduled Discrete Degradation Measurements[J]. Probabilistic Engineering Mechanics, 2009, 24: 151-158.

⑤ Pan J, Balakrishnan N, Sun Q. Bivariate Constant Stress Accelerated Degradation Model and Inference[J]. Communications in Statistics-simulation and Computation, 2011, 40: 247-257.

⑥ Hsieh M H, Jeng S L. Accelerated Discrete Degradation Models for Leakage Current of Ultra-thin Gate Oxides[J]. IEEE Transactions on Reliability, 2007, 56: 369-380.

⑦Lu J C, Park J, Yang Q. Statistical Inference of a Time-to-failure Distribution Derived from Linear Degradation Data[J]. Technometrics, 1997, 39: 391-400.

⑧ Shiau J H, Lin H H. Analyzing Accelerated Degradation Data by Nonparametric Regression[J]. IEEE Transactions on Reliability, 1999, 48: 149-158.

⑨ Yu H F, Tseng S T. Designing a Screening Experiment for Highly Reliable Products[J]. Naval Research Logistics, 2002, 49: 514-526.

灯制造流程进行分析，得到相应的加速退化模型。安多纳瓦(Andonova)等① 通过监测性能退化分析了加速应力下高可靠性组件的可靠性评估问题。彭(Peng)等② 用累积失效模型来分析序进应力加速退化模型中，退化轨道是非线性的情况。张(Chang)③ 以输出电压为性能退化量对某电源产品进行温度－电压双应力加速退化试验，利用广义 Eyring 模型建立了线性退化加速退化试验的统计模型，对电源产品在使用应力下的平均失效时间进行估计。曾等④ 利用固定效应对退化轨迹建立了单应力（温度）步进加速退化试验的统计模型，并对发光二极管的使用寿命进行估计。曾等⑤ 用随机扩散过程来描述产品的退化轨道，得到产品寿命的递归公式，并给出了产品平均寿命和中位寿命的近似公式。

在破坏性加速退化试验方面，尼尔森(Nelson)⑥ 也有一些研究，并且尼尔森⑦ 在1981年分析了一种绝缘材料在不同应力水平下性能与退化的关系，利用加速退化模型描述了击穿电压、时间与绝对温度之间的关系，给出了退化数据的相应模型与分析方法，并在性能退化关系的基础上估计了产品的寿命分布。甄(Jeng) 等⑧ 研究了在破坏性加速退化试验中，产品的寿命分布被假定错误时，根据最小化渐近均方误差准则如何设计一个稳健的试验。施(Shi)等⑨ 通过最小化极大似然估计的渐近方差来优化破坏性加速退化试验的设计方案，并通过一种黏合剂的数据来解释所提出方案的合理性。施等⑩ 针对一类非线性退化模型，

①Andonova A, Philippov P, Atanasova N. Methodology of Estimation Reliability of Highly Reliable Components by Monitoring Performance Degradation [R]. 24th Intenrational Spring Seminar on Electronics Technology, 2001.

②Peng C Y, Teng S T. Progressive Stress Accelerated Degradation Test for Highly Reliable Products[J]. IEEE Transactions on Reliability, 2010, 59: 30-37.

③Chang D S. Analysis of Accelerated Degradation Data in a Two-way Design[J]. Reliability Engineering and System Safety, 1993, 39: 65-69.

④Tseng S T, Wen Z C. Step-stress Accelerated Degradation Analysis for Highly Reliable Products[J]. Journal of Quality Technology, 2000, 32: 209-216.

⑤Tseng S T, Peng C Y. Stochastic Diffusion Modeling of Degradation Data[J]. Journal of Data Science, 2007, 5: 315-333.

⑥Nelson W. Applied life Data Analysis[M]. New York: John Wiley, 1982.

⑦Nelson W. Analysis of Perfprmance Degradation Data from Accelerated Tests[J]. IEEE Transaction on Reliability, 1981, 30: 149-155.

⑧Jeng S L, Huang B Y, Meeker W Q. Accelerated Destructive Degradation Tests Robust to Distribution Misspecification[J]. IEEE Transactions on Reliability, 2011, 60: 701-711.

⑨Shi Y, Escobar L A, Meeker W Q. Accelerated Destructive Degradation Test Planning[J]. Technometrics, 2009, 51: 1-13.

⑩Shi Y, Meeker W Q. Bayesian Methods for Accelerated Destructive Degradation Test Planning[J]. IEEE Transactions on Reliability, 2012, 61: 245-253.

用贝叶斯 (Bayesian) 方法提出了一种破坏性加速退化试验的设计方案。

以上研究结果说明，加速退化试验是一种有效估计寿命的试验方法。但是在许多情况下，当对产品施加高应力时，由于各种各样的原因，输出的应力会带有误差。统计研究表明，忽略这些误差会导致效应参数的有偏估计，从而导致预测寿命的偏差[1]。

本书考虑了恒加试验中应力带有误差的加速退化试验模型的分析，给出了模型中参数和可靠度函数、退化轨道、平均寿命、中位寿命等各种可靠性指标的估计方法，并分析了一种绝缘材料的退化轨道及寿命预测。

1.4　统计模型及复杂数据集介绍

1.4.1　测量误差模型（ EV 模型）

实际生活中，在对兴趣变量进行观测时，测量结果往往会受多种因素影响（如抽样误差、仪器误差、记录误差等），导致产生一些观测偏差。在统计研究中，通常把带有测量误差的模型称为 EV 模型，也称为测量误差模型。例如，卡罗尔 (Carroll) 等[2]考虑了血液中血压的测量问题，林等[3]，梁 (Liang) 等[4]在对 AIDS 数据分析中，考虑了血液中 CD4 数量的测量误差问题。在回归分析中，对响应变量含有测量误差的情况处理比较简单，可以把测量误差吸收到模型误差中进行处理。因此，目前大部分文献集中在协变量带有测量误差的情形。

1877年亚德克 (Adcook)[5]最先讨论两个变量的观测均含有误差的直线拟合，在肯德尔 (Kendall) 和斯图尔特 (Stuart)[6]的专著中有两章内容第一次系统

①Fuller A W. Measurement Error Models[M]. New York: John Wiley, 1987.

②Carroll R J, Ruppert D, Stefanski L A, et al. Measurement Error in Nonlinear Models: A Modern Perspective[M]. New York: Chapman and Hall, 2006.

③Lin X H, Carroll R J. Nonparametric Function Estimation for Clustered Data When the Predictor is Measured with Error [J]. Journal of the American Statistical Association, 2000, 95: 520-534.

④Liang H, Wang S, Carroll R J. Partially Linear Models with Missing Response Variables and Error-prone Covariates[J]. Biometrika, 2007, 94: 185-198.

⑤Adcook R J. Note on the Method of Least Squares[J]. Analyst, 1877, 4: 183-184. Adcook R J. A Problem in Least Squares[J]. Analyst, 1878, 5 : 53-54.

⑥Kendall M G, Stuart A. The Advanced Theory of Statistics[M]. 3rd Edition, London: Griffin, 1975.

地介绍了测量误差模型，之后 EV 模型越来越受到统计学家的重视。在线性回归模型中，假定因变量或模型是有误差的，没有考虑到自变量的测量误差。通常的可加 EV 模型可写为

$$\left.\begin{array}{l} Y = f(X) + \varepsilon \\ Z = X + u \end{array}\right\} \tag{1.11}$$

式中，X 为不能直接观测的潜在协变量；Z 和 Y 是自变量和因变量的观测值；ε 和 u 分别为模型误差和测量误差。

　　EV 模型的研究目的就是通过可观测的数据 Z 和 Y 有效地进行统计分析和推断。自变量误差的引入导致参数估计出现偏差。在一定意义上，EV 模型的研究就是为了修正这种偏差以及研究它带来的影响。

　　EV 模型中，自变量和因变量通过函数 f 联系起来，一般来说，若 f 形式已知，只是含有未知参数，可以把 EV 模型分为线性 EV 模型、多项式 EV 模型、部分线性 EV 模型和一般非线性 EV 模型。若 f 形式也未知，一般有半参数 EV 模型以及非参数 EV 模型等。根据自变量 X 的真实值是否随机，可以把 EV 模型分为结构型模型（structural model）和函数型模型（functional model）两种。对于函数型测量误差模型，库克（Cook）和斯坦凡斯基（Stanfanski）[1]提出了通过模拟计算来减少测量误差所引起偏差的 SIMEX（simulation extrapolation）方法。斯坦凡斯基和库克[2]发展了这一理论。卡罗尔等[3]建立了该方法的大样本性质并且给估计方差的计算做了修正。黄（Huang）等[4]用类似于 SIMEX 的方法检验了结构测量误差模型中假设的稳健性。库申霍夫（Kuchenhoff）等[5]研究了离散的数据被误判情况下的偏差校正问题。阿帕那索维奇（Apanasovich）等[6]用

　　① Cook J, Stenfanski L. Simulation Extrapolation Estimation in Parametric Measurement Error Models[J]. Journal of the American Statistical Association, 1994, 89: 1314-1328.

　　② Stenfanski L A, Cook J. Simulation Extrapolation: The Measurement Error Jackknife[J]. Journal of the American Statistical Association, 1995, 90: 1247-1256.

　　③ Carroll R J, Kuchenhoff H, Lombarf F, et al. Asymptotics for the SIMEX Estimator in Structural Measurement Error Models [J]. Journal of the American Statistical Association, 1996, 91: 242-250.

　　④ Huang X, Stenfanski L, Davidian M. Latent Model Robustness in Structural Measurement Error Models[J]. Biometrika, 2006, 93: 53-69.

　　⑤ Kuchenhoff H, Mwalili S M, Lesaffe E. A General Method for Dealing with Misclassification in Regression: The Misclassification SIMEX[J]. Biometrics, 2006, 62: 85-96.

　　⑥ Apanasovich T V, Carroll R J, Maity A. SIMEX and Dtandard Error Estimation in Semiparametric Measurement Error Models[J]. Electronic Journal of Statistics, 2009, 3: 318-348.

SIMEX 方法考虑了部分线性模型的估计问题。梁等①用 SIMEX 方法考虑了协变量含有测量误差的可加部分线性模型。王等②用 SIMEX 方法考虑了纵向数据的协变量含有测量误差的问题。

为了模型的可识别性要求,测量误差向量的协方差阵往往要假定是已知的(或测量误差和模型误差的方差比已知)。然而这一要求有时不合实际,因为测量误差向量的协方差阵在实际中往往是未知的。由于在许多应用中,数据可以在每一设计点处进行重复观测,因而测量误差向量的协方差阵可以通过重复观测数据进行估计。利用这一估计,可直接构造出回归系数的相合估计。张三国和陈希孺③在此情形下分别对线性 EV 模型、多项式 EV 模型进行了讨论,给出了未知参数的强相合估计。崔(Cui)④构造了有重复观测时部分线性 EV 模型中参数的估计量并证明了它们的渐近性质;崔和孔 (Kong)⑤讨论了部分线性 EV 模型中参数部分的置信域,构造了回归系数 β 的经验对数似然比统计量,并证明了经验对数似然比统计量渐近于卡方分布;朱 (Zhu) 和崔⑥及梁⑦考虑了非参数部分协变量也带有测量误差时的情形。游(You) 等⑧进一步考虑了半参数变系数部分线性 EV 模型的估计问题。

---

①Liang H, Thurstion S W, Rupert D R, et al. Additive Partical Linear Models with Measurement Errors[J]. Biometrika, 2008, 93: 667-678.

②Wang N, Lin X, Gutierrez R G, et al. Bias Analysis and SIMEX Approach in Generalized Linear Mixed Measurement Error Models[J]. Journal of the American Statistical Association, 1998, 93: 249-261. Wang C Y, Wang N, Wang S. Regression Analysis When Covariates are Regression Parameters of a Random Effects Model for Observed Longitudinal Measurements[J]. Biometric, 2000, 56: 487-495.

③张三国, 陈希孺. 有重复观测时EV模型修正极大似然估计的相合性[J]. 中国科学:A 辑, 2000, 30: 522-528. 张三国, 陈希孺. EV多项式模型的估计[J]. 中国科学:A辑, 2001, 31: 891-898.

④Cui H J. Estimation in Partial Linear EV Models with Replicated Observations[J]. Science in China: Series A, 2004, 47: 144-159.

⑤Cui H J, Kong E F. Empirical Likelihood Confidence Region for Parameters in Semi-linear Errors-in-variables Models[J]. Scandinavian Journal of Statistics, 2006, 33: 153-168.

⑥ Zhu L X, Cui H J. A Semi-parametric Regression Model with Errors in Variables[J]. The Annals of Statistics, 2003, 30: 429-442.

⑦ Liang H. Asymptotic Normality of Parametric Part in Partially Linear Models with Measurement Error in the Nonparametric Part[J]. Journal of Statistical Planning and Inference, 2000, 86: 51-62.

⑧You J H, Chen G. Estimation of a Semiparametric Varying-coefficient Partially Linear Errors-in-variables Model[J]. Journal of Multivariate Analysis, 2006, 97: 324-341.

1.4.2 Berkson测量误差模型

众所周知，在 EV 模型中，协变量的真实值与其测量误差独立，若协变量的观测值与测量误差独立，即伯克森 (Berkson)[1]于1950年提出的一种有别于一般 EV 模型的 Berkson 测量误差模型。在通常的EV 模型中，往往假定 $Z = X + u$。这里 u 与 X 是相互独立的，Z是协变量 X 的观测值，受误差 u 的影响。对于Berkson 测量误差模型，往往假定

$$\left. \begin{array}{l} Y = f(X) + \varepsilon \\ Z = X + u \end{array} \right\} \tag{1.12}$$

测量误差 u 与可观测变量 Z 之间是相互独立的。式1.11与式1.12虽然形式一样，但是本质不同。这两种不同的误差结构之间的差异导致参数估计与推断方法存在较大差异。

Berkson 测量误差模型虽然看起来有些不可思议，但是在工业、医学和农业生产等领域中，它常常是一种合理的选择。例如，在医学上，想要研究一种药物的不同药剂量的效果如何，可以选择药剂量分别为 $Z=0.5cm^3$，$1.0cm^3$ 等。但实际的摄入量却要依赖于受验个体的尺寸、物理活性和物理构成等因素。当主要研究的是实际摄入量的影响时，就需要使用 Berkson 测量误差模型。在农业生产上，要研究一种肥料对农作物的影响，那么施肥量可以控制在一定的水平上，即事先给定 Z，但是肥料的实际吸收量与许多因素诸如降水量、风向、土壤成分等有关，此时使用 Berkson 测量误差模型就是一种合理的选择。

关于Berkson 测量误差问题，可以参见富勒 (Fuller)[2]、黄 (Huang) 等[3]和王[4]等的研究成果。其中，富勒对 Berkson 测量误差模型进行了进一步的解释与研究，给出了线性 Berkson 测量误差模型的估计。程(Cheng)等[5]进一步讨论了线性 Berkson 测量误差模型的估计。对于非线性 Berkson 测量误差模型，黄等关

① Berkson J. Are There Two Regressions[J]. Journal of the American Statistical Association, 1950, 45: 164-180.

②Fuller A W. Measurement Error Models[M]. New York: John Wiley, 1987.

③Huwang L, Huang Y. On Errors-in-variables in Polynomial Regression-Berkson Case[J]. Statist Sinica, 2000, 10: 923-936.

④Wang L Q. Estimation of Nonlinear Berkson-type Measurement Error Models[J]. Statist Sinica, 2003, 13: 1201-1210. Wang L Q. Estimation of Nonlinear Models with Berkson Measurement Errors[J]. The Annals of Statistics, 2004, 32: 2559-2579.

⑤Cheng C, Vanness J W. Statistical Regression with Measurement Error[M]. Lodon: Arnold, 1999.

于其估计问题做了大量研究。库尔 (Koul) 等[1]用极小距离法检验带有 Berkson 测量误差的回归模型拟合问题。王考虑了如下非线性模型

$$\left. \begin{array}{l} Y = f(X) + \varepsilon \\ Z = X + u \end{array} \right\} \tag{1.13}$$

这里协变量 X 为不可观测的随机变量。在假定模型误差 ε 和测量误差 u 均服从正态分布的情形下，讨论了模型参数的估计问题。王对以上内容进行了推广，即协变量 X 为 p 维的，且模型误差的分布不局限于正态分布。基于响应变量的前两阶条件矩给出了模型参数的最小距离估计，在一般正则条件下证明了估计的相合性和渐近正态性。为了克服目标函数中具有的多重积分带来的计算困难，文中还构造了基于模拟的估计。德莱格(Delaigle)等[2]利用非参数方法对 Berkson 测量误差模型进行了分析。刘强等[3]考虑了协变量带有 Berkson 测量误差的非线性半参数模型，采用核估计和最小距离方法给出了未知参数和未知函数的估计，证明了未知参数估计的相合性和渐近正态性。迈斯特(Meister)[4]对一元 Berkson 测量误差模型中协变量取值在闭区间的条件下给出了新的非参数估计方法。殷(Yin) 等[5]和德莱格等[6]研究了经典测量误差模型混合 Berkson 测量误差模型的非参数估计方法。

    Berkson 测量误差模型在很多领域都有应用。巴萨加纳(Basagana) 等[7]用

---

[1] Koul H, Song L. Minimum Distance Regression Model Checking with Berkson Measurement Errors[J]. The Annals of Statistics, 2009, 1: 132-156.

[2] Delaigle A, Meister A. Nonparametric Regression Estimation in the Heteroscedastic Errors-in-variables Problem[J]. Journal of the Royal Statistical Society: Series B, 2007, 102: 1416-1426.

[3] 刘强, 薛留根. 带有Berkson测量误差的非线性半参数模型的渐近性质[J]. 北京工业大学学报, 2009, 35: 1567-1572.

[4] Meister A. Nonparametric Berkson Regression under Normal Measurement Error and Bounded Design[J]. Journal of Multivariate Analysis, 2010, 101: 1179-1189.

[5] Yin Z, Gao W, Tang M L, et al. Estimation of Nonparametric Regression Models with a Mixture of Berkson and Classical Errors[J]. Statistics and Probability Letters, 2013, 83: 1151-1162.

[6] Delaigle A, Meister A. Rate-optimal Nonparametric Estimation in Classical and Berkson Errors-in-variables Problems[J]. Journal of Statistical Planning and Inference, 2011, 141: 102-114.

[7] Basagana X, Rivera M, Aguilera I, et al. Effect of the Number of Measurement Sites on Land Use Regression Models in Estimating Local Air Pollution[J]. Atmospheric Environment, 2012, 54: 634-642.

Berkson 测量误差模型研究了西班牙空气污染问题。格莱帕丽斯(Gryparis)等[1]用 Berkson 测量误差模型结合广义线性模型，利用美国波士顿地区的数据研究了环境流行病学。贝特森(Bateson)等[2] 用 Berkson 测量误差模型研究了水污染等环境问题。布拉斯(Blas)等[3]把 Berkson 测量误差模型应用在化学分析中。戈德曼(Goldman)等[4]结合时间序列与 Berkson 测量误差模型来分析环境污染问题。

在加速退化试验中，由于施加高应力的仪器不精密或者受外界环境等因素影响，往往对产品施加的应力水平与产品所受到的应力之间有误差。因为观测到的高应力水平是在试验前设计好的固定值，所以此时，误差与观测到的应力水平独立，即误差与观测协变量独立，这意味着应力中带有的误差属于 Berkson 测量误差。

本书第2章和第3章分析了在加速退化试验中应力带有 Berkson 测量误差模型的退化模型分析，不仅给出了模型中参数的估计方法，还给出了各种可靠性指标的估计。第4章研究了一类复杂结构的 Berkson 测量误差模型。

1.4.3　部分线性模型

自1986 年恩格尔(Engle) 等[5]提出部分线性模型以来，该模型已引起了众多统计学家的关注，成为当今统计领域的热点研究课题之一。部分线性模型具有如下形式

$$Y = X^T \beta + g(T) + \varepsilon \tag{1.14}$$

式中，$g(\cdot)$ 是未知函数；β 为 $p \times 1$ 的未知参数向量；ε 为随机误差向量且几乎处

---

[1] Gryparis A, Paciorek C J. Measurement Error Caused by Spatial Misalignment in Environmental Epidemiology[J]. Biostatistics, 2009, 10: 258-274.

[2] Bateson T, Wright J. Regression Calibration for Classical Exposure Measurement Error in Environmental Epidemiology Studies Using Multiple Local Surrogate Exposures[J]. American Journal of Epidemiology, 2010, 172: 344-352.

[3] Blas B, Sandoval M C. Heteroscedastic Controlled Calibration Model Applied to Analytical Chemistry[J]. Journal of Chemometrics, 2010, 24: 241-248.

[4] Goldman G T, Mulholland J A, Russell A G. Impact of Exposure Measurement Error in Air Pollution Epidemiology: Effect of Error Type in Time-series Studies[J]. Environmental Health, 2011, 10: 61-71.

[5] Engel R, Granger C, Rice J,et al. Semiparametric Estimates of the Relation between Weather and Electricity Sales[J]. Journal of the American Statistical Association, 1986, 81: 310-320.

处有 $E(\varepsilon|X,T)=0$。

一般情况下，实际点列可以是随机的，也可以是固定的。T 可以是多维变量，但是随着其维数的增加，估计 $g(\cdot)$ 所需要的样本量迅速增加，实际情况下难以提供足够的数据，导致 $g(\cdot)$ 的估计精度下降很快，这种现象称为"维数灾祸"。为了避免这一情况发生，通常假定 T 是一维的，本书也假定 T 是一维变量。模型 1.14 的优点在于，它既含有参数分量 $X^T\beta$，又含有非参数分量 $g(T)$，其中，参数分量表明 Y 和 X 是线性关系，非参数分量表明 Y 和 T 是未知的非线性关系，习惯上称 β 是回归系数。

斯派克曼 (Speckman)[1]用偏样条方法参数化非参数分量 $g(\cdot)$，使得估计非参数分量 $g(\cdot)$ 的问题转化为估计参数的问题，然后利用最小二乘法估计 β。尤班克 (Eubank) 等[2] 使用光滑样条方法构造了 β 和 $g(\cdot)$ 的惩罚估计量，该方法引入一个惩罚函数和惩罚参数，在拟合程度和光滑程度之间起到平衡作用。汉密尔顿 (Hamilton)等[3] 采用局部线性回归构造了参数和非参数分量的估计，并证明了估计量的渐近正态性。薛 (Xue) 等[4]提出了参数分量和非参数分量的筛分(sieve) 极大似然估计，得到了非参数函数估计的最优收敛速度。柴根象和徐克军[5]用小波方法建立了参数分量和非参数分量的小波估计。施和劳 (Lau)[6]用经验似然研究了固定设计下部分线性模型，构造了参数 β 的经验对数似然比函数并证明其渐近于卡方分布。王等[7]研究了随机设计下部分线性模型的经验似然，并证明构造的参数经验对数似然比函数渐近于卡方分布。

本书第5章给出了部分线性模型的加权似然推断方法，推导了新方法的渐近性质。

① Speckman P. Kernel Smoothing in Partially Splined Models[J]. Journal of the Royal Statistical Society, Series B, 1986, 50: 413-436.

②Eubank R L, Kanbour E L, Kim J T, et al. Estimation in Partially Linear Models[J]. Computational Statistics & Data Analysis, 1998, 29: 27-34.

③Hamilton S A, Truong Y K. Local Linear Estimation in Partly Linear Models[J]. Journal of Multivariate Analysis, 1997, 60: 1-19.

④ Xue H Q, Lam K F, Li G Y. Sieve Maximum Likelihood Estimator for Semiparametric Regression with Current Status Data[J]. Journal of the American Statistical Association, 2004, 99: 346-356.

⑤柴根象, 徐克军. 半参数回归的线性小波光滑[J]. 应用概率统计, 1999, 15: 97–105.

⑥ Shi J, Lau T S. Empirical Likelihood for Partially Linear Models[J]. Journal of Multivariate Analysis, 2000, 72: 132-148.

⑦ Wang Q H, Jing B Y. Empirical Likelihood for Partial Linear Models with Fixed Designs[J]. Statistics and Probability Letters, 1999, 41: 425-433.

1.4.4　纵向数据

纵向数据 (longitudinal data) 的一种来源是对同一组受试个体在不同时间点上重复观测[1]。此类数据常常出现在工程、生物、医学、社会科学以及金融等领域。尽管对不同个体所观测的数据是独立的，但是对同一个体所观测的数据往往具有相关性。由于此类数据组间独立，组内相关，并且具有多元数据以及时间序列数据的特点，因此纵向数据的处理方法往往比关于普通的截面数据的处理方法复杂。因为截面数据是指对受试的每一个个体仅仅做一次观测的数据，所以截面数据是相互独立的。在纵向数据分析中，协变量可以依赖时间，也可以不依赖时间。由于对同一个体进行重复观测，因而在同一个体内的不同观测往往具有相关性。纵向数据的研究一般分为两类：一类是当个体的数目远远大于每个个体内重复观测的数目，研究的重点在于分析响应变量对协变量的回归问题，即边际分析模型；另一类是当个体的数目比较小时，组内相关性不能忽略，为了得到有效推断，必须同时考虑均值和协方差模型。

在纵向数据的联合密度函数已知的情况下，常用的方法有极大似然方法 (maximum likelihood) 和限制的极大似然方法 (restricted maximum likelihood) 等。在纵向数据的统计推断问题中，联合密度函数很难被精确指定。莱尔德(Laird) 和韦尔(Ware)[2] 对纵向数据考虑了一组广泛的参数模型，并分别用经验贝叶斯方法和极大似然方法估计参数。韦德伯恩 (Wedderburn)[3] 提出了拟似然 (quasi-likelihood) 的方法，这种估计方法只需要知道数据的均值以及均值与方差之间的关系，该估计的效率在很多情况下也能达到极大经验似然的效率。梁等[4] 提出了一种广义估计方程方法 (GEE)。这种方法假定真实的协方差结构依赖于有限的参数，GEE 给出了感兴趣参数的统计推断。即使在工作协方差矩阵被错误指定的情况下，GEE 方法所得到的估计仍具有相合性。

关于纵向数据下非参数和半参数模型的研究已经引起国内外统计学者的重

---

[1]Diggle P J, Liang K Y, Zeger S L. Analysis of Longitudinal Data (2nd Edition)[M]. Oxford: Oxford University Press, 1994.

[2]Laird N, Ware J. Random Effects Models for Longitudinal Data[J]. Biometrics, 1982, 38: 963-974.

[3]Wedderburn R W. Quasi-likelihood Functions, Gerneralized Linear Models, and the Gauss-Newton Method[J]. Biometrika, 1974, 61: 439-447.

[4]Liang K Y, Zeger S L. Longitudinal Data Analysis Using Generalized Liner Models[J]. Biometrika, 1986, 73: 13-22.

视。泽格(Zeger) 和迪格尔 (Diggle)[1]首先提出了纵向数据下的部分线性回归模型，针对此类模型，很多学者提出了多种不同的参数统计推断方法，其中，游(You) 等[2]首先提出了块经验似然 (block empirical likelihood) 估计方法，并用其推断回归参数，李 (Li) 等[3]则提出了考虑个体协方差结构的独立经验似然方法来构造回归参数置信区间。孙 (Sun) 等[4]考虑了纵向数据的非参方法。范(Fan) 等[5]考虑了纵向数据下半参数变系数部分线性模型，给出了协方差函数估计的两种估计方法，拟似然方法和最小广义方差法，并证明了估计量的渐近正态性。薛和朱 (Zhu)[6]考虑了纵向数据下变系数模型的经验似然推断问题，证明了在欠光滑的条件下一般经验似然的威尔克斯 (Wilks) 现象。林和卡罗尔[7]利用 GEE 研究了参数分量的估计问题。何 (He) 等[8]则结合B样条逼近方法研究了纵向数据下部分线性模型的稳健估计问题。王等[9]对纵向数据下部分线性模型的有效估计问题进行了研究。胡佛 (Hoover) 等[10]分别利用光滑样条方法以及加权局部多项式方法研究了纵向数据下变系数模型的估计问题。王等[11]结合基函数逼

[1]Zeger S L, Diggle P J. Semiparametric Models for Longitudinal Data with Application to CD4 Cell Numbers in HIV Seroconverters[J]. Biometrics, 1994, 50: 689-699.

[2]You J, Chen G, Zhou Y. Block Empirical Likelihood for Longitudinal Partially Linear Regression Models[J]. The Canadian Journal of Statistics, 2006, 34: 79-96.

[3] Li G, Tian P, Xue L. Generalized Empirical Likelihood Inference in Semeparametric Regression Model for Longitudinal Data[J]. Acta Mathematica Sinica, English Series, 2008, 24: 2029-2040.

[4]Sun Y, Wu H. AUC-based Tests for Nonparametric Functions with Longitudinal Data[J]. Statistica Sinica, 2003, 13: 593-612.

[5]Fan J Q, Huang T, Li R Z. Analysis of Longitudinal Data with Semiparametric Estimation of Covariance Function[J]. Journal of the American Statistical Association, 2007, 102: 632-641.

[6]Xue L G, Zhu L X. Empirical Likelihood for a Varying Coefficient Model with Longitudinal Data[J]. Journal of the American Statistical Association, 2007, 102: 642-654.

[7]Lin X H, Carroll R J. Semiparametric Regression for Clustered Data using Generalized Estimating Equations[J]. Journal of the American Statistical Association, 2001, 96: 1045-1056.

[8]He X M, Zhu Z Y, Fung W K. Estimation in a Semiparametric Model for Longitudinal Data with Unspecified Dependence Structure[J]. Biometrika, 2002, 89: 579-590.

[9] Wang N Y, Carroll R J, Lin X H. Efficient Semiparametric Marginal Estimation for Longitudinal/ Clustered Data[J]. Journal of the American Statistical Association, 2005, 100: 147-157.

[10]Hoover D R, Rice J A, Wu C O, et al. Nonparametric Smoothing Estimates of Time-varying Coefficient Models with Longitudinal Data[J]. Biometrika, 1998, 85: 809-822.

[11]Wang L, Liang H, Huang J Z. Variable Selection in Nonparametric Varying-coefficient Models for Analysis of Repeated Measurements[J]. Journal of the American Statistical Association, 2008, 103: 1556-1569.

近以及惩罚估计方法，研究了纵向数据下变系数模型的变量选择问题。

在加速退化试验中，非破坏性测量可以得到产品随时间延长不断测得的退化量。当样本是来自某些产品重复测量得到的退化量时，退化数据就是纵向数据。本书第 3 章讨论了纵向数据下应力带有误差的加速退化试验模型。

1.5 本书内容及结构

本书主要研究了 Berkson 测量误差模型的统计推断及其在可靠性加速退化试验统计分析中的应用。首先研究了破坏性测量试验和非破坏性试验两种条件下，应力带有 Berkson 测量误差的加速退化试验模型，然后研究了一类复杂结构下的 Berkson 测量误差模型，即多元超结构 Berkson 测量误差模型的统计推断问题，最后研究了部分线性模型的加权似然推断问题。

本书的内容和结构安排如下：

第 2 章考虑了 Berkson 测量误差模型在应力带有误差的破坏性加速退化试验中的应用。在加速退化试验中，应力的个数一般不大，而每个应力上的样本个数可以增大。本书给出了这种模型的参数和各种可靠性指标的估计方法，并证明了该参数估计在应力个数固定、样本数趋于无穷时的相合性和渐近正态性。模拟结果显示，新的估计方法优于不考虑应力误差的最小二乘估计。在实例分析中，将一种绝缘材料的击穿电压作为退化量进行分析，当考虑作为应力的温度水平带有测量误差时，本书拟合的退化轨道比不考虑温度有误差的最小二乘估计所拟合的轨道更符合实际情况。

第 3 章考虑了在非破坏性加速退化试验中，应力带有误差的 Berkson 测量误差模型。在破坏性加速退化试验中，一个产品只能被测量一次，所以样本是独立的。但在非破坏性加速退化试验中，由于产品可随时间延长不断地测量其退化量，故样本间存在着某种关系，即样本的类型是纵向数据。给出了当每个应力上的样本可以多次观测时的参数估计，并证明了该估计方法在样本个数趋于无穷大时的相合性与渐近正态性。当假定模型误差分布已知时，本书给出了可靠度函数、平均寿命、$1-\alpha$ 可靠寿命的点估计及其 $1-\beta$ 的置信下限，并通过数值模拟研究了所提出方法的有限样本性质。

第 4 章考虑了一类复杂的 Berkson 测量误差模型，即多元超结构 Berkson 测量误差模型。这一章给出了该模型中参数的相合估计，推导了估计的渐近分布，并把该方法应用到一元超结构 Berkson 测量误差模型中，最后用模拟结果和实例分析来说明本书所提出的估计方法的表现。模拟结果同时表明忽略模型的超结构特征会影响参数的区间估计。

第5章针对不同来源的几组相关数据集,研究了部分线性模型的加权似然推断问题,给出了加权似然估计的相合性和渐近正态性。模拟结果表明,在均方误差意义下,加权似然得到的估计优于经典的极大似然估计,并把新的估计方法应用到艾滋病临床试验数据分析中。

2 应力带有误差的破坏性加速退化
试验分析

在对可靠性产品进行质量评估时，经常采用加速退化试验，通过在高应力水平下收集产品退化数据来估计在正常使用条件下产品的可靠性。退化数据的测量有两种：一种是连续性测量，即可随时间延长不断地测量一种产品的退化量，如疲劳裂缝增长的测量；另一种是破坏性测量，如测量绝缘材料的击穿电压，一种产品只能测量一次，为了获得退化信息就需要把一定量的产品投入试验，这时退化数据个数与样品个数相同，但退化数据间的独立性得到保证。图2.1是某种绝缘材料在高应力下的击穿电压（退化量）。

由图2.1可以看出，应力越大（温度越高），产品越容易被击穿，即退化得越迅速。在同一应力水平下，单个产品的退化指标值应该是随时间单调的，但是在温度为453K、498K和523K时，产品的退化轨道不是单调函数。此时，除了产品间由于材料原因导致的个体不同外，我们就应该考虑产品所受到的高温条件是否是在试验前设定好的、一成不变的。四个应力水平453K、498K、523K和548K是在试验之前就设定好的高应力水平，但是仪器输出的未必是这四个值，可能由于仪器不精密，产品所受到的应力是设定的应力水平加一个小误差。显然，误差项与观测到的设定应力是独立的，这就是Berkson测量误差。在现实问题中一般是忽略这个情况的，那么对应力带有误差的加速退化试验模型该如何进行统计推断就是本章要研究的内容。

本章考虑了应力带有Berkson测量误差的破坏性加速退化试验模型，给出了模型中参数的估计方法，并证明了所得估计的相合性和渐近正态性。模拟结果显示，新的估计方法优于不考虑应力误差的最小二乘估计。本章第1节是模型简介，第2节给出了模型中参数及可靠性指标的估计方法，第3节是本书方法与其

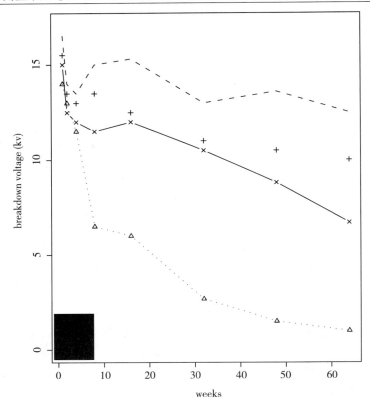

图 2.1 随时间延长的击穿电压

他估计方法如忽略误差的最小二乘方法的模拟比较，第4节给出了当退化函数不容易积分时的估计方法及模拟结果，第5节运用本书的方法对图2.1中绝缘材料的例子进行了分析，分析结果显示，考虑应力误差与不考虑应力误差所估计的寿命是有区别的。第6节是本章中定理的证明。

2.1 模型介绍

对于应力带有误差的破坏性加速退化试验，本章考虑一个很普遍的加速退化模型：

(1)有 N 个预先确定的恒定加速应力水平：$S_1, \cdots, S_N$；

(2) 每个应力上有 m 个样品，每个样品只有一个测量值。

退化指标用 y 表示，模型如下：

$$\begin{cases} y_{ij} = g(t_{ij}, x_{ij}, \theta) + \epsilon_{ij} \\ x_{ij} = S_i + e_{ij} \end{cases} \quad i = 1, \cdots, N, \quad j = 1, \cdots, m \quad (2.1)$$

式中，$g(\cdot)$ 是形式已知的可测函数；S_i 是试验前设计的固定应力水平；t_{ij} 表示观测时刻，$x_{ij} \in R$ 是第 i 个设计应力在 t_{ij} 时刻的实际应力水平，$y_{ij} \in R$ 是在 t_{ij} 时刻第 i 个应力水平下第 j 个样品的退化指标值；$\theta \in R^p$ 是未知参数；e_{ij} 是独立同分布的应力误差，其密度函数 $f_e(c)$ 已知；ϵ_{ij} 是随机误差，且几乎处处有 $E(\epsilon_{ij}|t_{ij}) = 0$，$E(\epsilon_{ij}^2|t_{ij}) = \sigma^2$，$e_{ij}$ 与 ϵ_{ij} 相互独立。

不失一般性，设观测时刻 t_{ij} 为来自以某个闭区间为支撑的分布 F_t。在这个模型中，x_{ij} 是相对于设计应力的实际加载应力。在很多实际情形中，不能观测到 x_{ij}，因此，我们假定 x_{ij} 不可观测。

上述模型是非线性 Berkson 测量误差模型，最早的线性 Berkson 测量误差模型是由伯克森[1]于1950年提出来的。库尔等[2]讨论了部分线性回归模型中所有协变量都带有 Berkson 测量误差的模型检验问题。德莱格等[3]给出了 Berkson 测量误差模型中回归函数的非参数估计方法。卡洛尔等[4]研究了协变量混合有 Berkson 测量误差和经典测量误差的回归模型及该模型中回归函数的非参数估计方法。王[5]研究了 m 固定，而 N 可以无限增大时非线性 Berkson 模型的参数估计。但在加速退化试验中，N 一般不大，而样品个数 m 可以增大。本书给出了这种模型的参数估计方法，并证明了该估计在 N 固定，m 趋于无穷时的相合性和渐近正态性。

---

① Berkson J. Are There Two Regressions[J]. Journal of the American Statistical Association, 1950, 45: 164-180.

②Koul H L, Song W. Model Checking in Partial Linear Regression Models with Berkson Measurement Error[J]. Statistica Sinica, 2010, 20: 1551-1579.

③Delaigle A, Hall P, Qiu P. Nonparametric Methods for Solving the Berkson Errors-in-variables Problem[J]. Journal of the Royal Statistical Society: Series B, 2006, 69: 859-878.

④ Carroll R J, Delaigle A, Hall P. Non-parametric Regression Estimation from Data Contaminated by a Mixture of Berkson and Classical Errors[J]. Journal of the Royal Statistical Society: Series B, 2007, 69: 859-878.

⑤Wang L Q. Estimation of Nonlinear Models with Berkson Measurement Errors[J]. The Annals of Statistics, 2004, 32: 2559-2579.

2.2 方法与主要结果

2.2.1 参数的估计

设 $\gamma = (\theta^T, \sigma^2)^T$ 为模型的参数向量，$\gamma_0 = (\theta_0^T, \sigma_0^2)^T$ 为参数真值，参数空间 $\Gamma = \Theta \times \Sigma \subset R^{p+1}$ 是紧的。根据上述模型的假定，给定 t_{ij} 下，y_{ij} 的前两阶条件矩为

$$\mu_{ij}(\gamma) = E(y_{ij}|t_{ij}, \gamma) = \int_{-\infty}^{\infty} g(t_{ij}, S_i + c, \theta) f_e(c) dc \qquad (2.2)$$

$$D_{ij}(\gamma) = E(y_{ij}^2|t_{ij}, \gamma) = \int_{-\infty}^{\infty} g^2(t_{ij}, S_i + c, \theta) f_e(c) dc + \sigma^2 \qquad (2.3)$$

则 γ 的最小距离估计 (minimum distance estimation，MDE) 定义为

$$\widehat{\gamma}_m = \arg\min_{\gamma \in \Gamma} Q_m(\gamma) \equiv \arg\min_{\gamma \in \Gamma} \sum_{i=1}^{N} \sum_{j=1}^{m} \rho_{ij}^T(\gamma) w_i \rho_{ij}(\gamma)$$

其中

$$\rho_{ij}(\gamma) = (y_{ij} - \mu_{ij}(\gamma), y_{ij}^2 - D_{ij}(\gamma))^T$$

式中，$w_i = w_i(S_1, \cdots, S_N)$ 是 2×2 维的正定常数矩阵，且与 γ 无关。

假定上述模型满足以下条件，其中 $\|\cdot\|$ 记为欧氏范数：

A1 对任意 $(x_{ij}, \theta^T)^T \in R \times \Theta$, $g(t_{ij}, x_{ij}, \theta)$ 是 t_{ij} 的连续函数，且 $E\|w_i\|(y_{ij}^4 + 1) < \infty$ 和 $E\|w_i\| \int_{-\infty}^{\infty} \sup_{\theta \in \Theta} g^4(t_{ij}, S_i + c, \theta) f_e(c) dc < \infty$;

A2 $\sum_{i=1}^{N} E[(\rho_{i1}(\gamma) - \rho_{i1}(\gamma_0))^T w_i(\rho_{i1}(\gamma) - \rho_{i1}(\gamma_0))] = 0$ 当且仅当 $\gamma = \gamma_0$;

A3 存在开集 $\Theta_0 \subset \Theta$, 使得 $\theta_0 \in \Theta_0$, 且 $g(t, S + c, \theta)$ 在 Θ_0 内关于 θ 是二阶连续可微的，$\mu_{ij}(\gamma)$, $D_{ij}(\gamma)$ 关于 θ 的二阶偏导数可以通过在积分号下求导得到;

A4 存在函数 $G(t, S + c, \theta)$ 满足 $G(t, S + c, \theta) > 0$, $E\|w\|(\int_{-\infty}^{\infty} G(t, S + c, \theta) dc)^2 < \infty$, 且 $g(t, S + c, \theta) f_e(c)$ 和 $g^2(t, S + c, \theta) f_e(c)$ 关于 θ 的零到二阶偏导的绝对值均被 $G(t, S + c, \theta)$ 控制;

A5 矩阵 $B = \sum\limits_{i=1}^{N} E[\frac{\partial \rho_{i1}^{T}(\gamma_0)}{\partial \gamma} w_i \frac{\partial \rho_{i1}(\gamma_0)}{\partial \gamma^T}]$ 是正定的。

上述条件中A1用来确保 $Q_m(\gamma)$ 的一致收敛性。A2保证参数的可识别性。为了得到 $\widehat{\gamma}_m$ 的渐近正态性，A3~A5是很常见的正则条件，这些条件对证明最小距离估计的渐近正态性是充分的。A3和A4确保了 $Q_m(\gamma)$ 一阶偏导数允许泰勒(Taylor)展开，$Q_m(\gamma)$ 的二阶偏导数一致收敛；A5说明 $Q_m(\gamma)$ 的二阶偏导有一个非奇的极限矩阵。A4在加速退化试验中是成立的，因为时间 t 和应力误差 e 可以看成有界量，所以 A1~A5 在可靠性的试验及模型中基本都能满足。下面研究 $\widehat{\gamma}_m$ 的渐近性质。

定理 2.1 当 $m \to \infty$ 时，最小距离估计 $\widehat{\gamma}_m$ 有如下性质：

(1) 在条件 A1~A2 下，$\widehat{\gamma}_m \xrightarrow{a.s.} \gamma_0$；

(2) 在条件 A1~A5 下，有

$$\sqrt{m}(\widehat{\gamma}_m - \gamma_0) \xrightarrow{L} N(0,\ B^{-1}CB^{-1})$$

其中

$$C = \sum_{i=1}^{N} E[\frac{\partial \rho_{i1}^{T}(\gamma_0)}{\partial \gamma} w_i \rho_{i1}(\gamma_0) \rho_{i1}^{T}(\gamma_0) w_i \frac{\partial \rho_{i1}(\gamma_0)}{\partial \gamma^T}] \tag{2.4}$$

$$B = \sum_{i=1}^{N} E[\frac{\partial \rho_{i1}^{T}(\gamma_0)}{\partial \gamma} w_i \frac{\partial \rho_{i1}(\gamma_0)}{\partial \gamma^T}] \tag{2.5}$$

并且依概率1有

$$B = \lim_{m \to \infty} \frac{1}{m} \sum_{i=1}^{N} \sum_{j=1}^{m} [\frac{\partial \rho_{ij}^{T}(\widehat{\gamma}_m)}{\partial \gamma} w_i \frac{\partial \rho_{ij}(\widehat{\gamma}_m)}{\partial \gamma^T}] \tag{2.6}$$

$$C = \lim_{m \to \infty} \frac{1}{m} \sum_{i=1}^{N} \sum_{j=1}^{m} [\frac{\partial \rho_{ij}^{T}(\widehat{\gamma}_m)}{\partial \gamma} w_i \rho_{ij}(\widehat{\gamma}_m) \rho_{ij}^{T}(\widehat{\gamma}_m) w_i \frac{\partial \rho_{ij}(\widehat{\gamma}_m)}{\partial \gamma^T}]$$

$$= \lim_{m \to \infty} \frac{1}{m} \sum_{i=1}^{N} [\sum_{j=1}^{m} \frac{\partial \rho_{ij}^{T}(\widehat{\gamma}_m)}{\partial \gamma} w_i \rho_{ij}(\widehat{\gamma}_m)][\sum_{j=1}^{m} \rho_{ij}^{T}(\widehat{\gamma}_m) w_i \frac{\partial \rho_{ij}(\widehat{\gamma}_m)}{\partial \gamma^T}] \tag{2.7}$$

定理 2.2 在条件 A1~A5 下，有

$$B^{-1}CB^{-1} \geqslant \left\{ \sum_{i=1}^{N} E[\frac{\partial \rho_{i1}^{T}(\gamma_0)}{\partial \gamma} Z_i^{-1}(\gamma_0) \frac{\partial \rho_{i1}(\gamma_0)}{\partial \gamma^T}] \right\}^{-1} \tag{2.8}$$

其中

$$Z_i(\gamma_0) = E[\rho_{i1}(\gamma_0)\rho_{i1}^T(\gamma_0)|t_{i1}]$$

由定理2.2可知，$\hat{\gamma}_m$ 渐近方差的下界可以通过取 $w_i = Z_i^{-1}(\gamma_0)$ 来获得，若记

$$Z_i(\gamma_0) = \begin{pmatrix} Z_i^{11}(\gamma_0) & Z_i^{12}(\gamma_0) \\ Z_i^{21}(\gamma_0) & Z_i^{22}(\gamma_0) \end{pmatrix} \tag{2.9}$$

则 $Z_i(\gamma_0)$ 的元素为

$$Z_i^{11}(\gamma_0) = E[(y_{i1} - \mu_{i1}(\gamma_0))^2|t_{i1}]$$

$$Z_i^{22}(\gamma_0) = E[(y_{i1}^2 - D_{i1}(\gamma_0))^2|t_{i1}]$$

$$Z_i^{12}(\gamma_0) = Z_i^{21}(\gamma_0) = E[(y_{i1} - \mu_{i1}(\gamma_0))(y_{i1}^2 - D_{i1}(\gamma_0))|t_{i1}]$$

定理2.1和定理2.2给出了参数 γ 的一种估计方法及该估计的渐近性质，但是在运用上述估计方法时要考虑权矩阵 w 的选择问题。首先注意到 $\frac{\partial \rho_{ij}^T(\gamma_0)}{\partial \gamma}$ 不依赖于 y_{ij}，故2.4式中的 C 可以写为

$$C = \sum_{i=1}^N E[\frac{\partial \rho_{i1}^T(\gamma_0)}{\partial \gamma} w_i Z_i(\gamma_0) w_i \frac{\partial \rho_{i1}(\gamma_0)}{\partial \gamma^T}]$$

一般来说，Z_i 是未知的，所以在用最优权计算MDE时，需要估计 Z_i，可以运用两步过程来完成。第一步，运用单位权矩阵 $\omega_i = I_2$ 最小化 $Q_m(\gamma)$ 来获得估计 $\tilde{\gamma}_m$。第二步，用 $\widehat{Z_i} = \frac{1}{m}\sum_{j=1}^m \rho_{ij}(\tilde{\gamma}_m)\rho_{ij}^T(\tilde{\gamma}_m)$ 来估计 Z_i，其中

$$\widehat{Z_i^{11}} = \frac{1}{m}\sum_{j=1}^m (y_{ij} - \mu_{ij}(\tilde{\gamma}_m))^2$$

$$\widehat{Z_i^{22}} = \frac{1}{m}\sum_{j=1}^m (y_{ij}^2 - D_{ij}(\tilde{\gamma}_m))^2$$

$$\widehat{Z_i^{12}} = \widehat{Z_i^{21}} = \frac{1}{m}\sum_{j=1}^m (y_{ij} - \mu_{ij}(\tilde{\gamma}_m))(y_{ij}^2 - D_{ij}(\tilde{\gamma}_m))$$

把 $w_i = \widehat{Z_i}^{-1}$ 带入 $Q_m(\gamma)$ 并最小化 $Q_m(\gamma)$ 来获得两步估计 $\hat{\gamma}_m$。因为估计 $\widehat{Z_i}$ 对 Z_i 是相合的，两步估计 $\hat{\gamma}_m$ 的渐近协方差阵与式2.8右边是一样的，故 $\hat{\gamma}_m$ 具有最优的渐近协方差阵。

2.2.2 有关可靠性指标的估计

为了估计产品的寿命,假定模型2.1中标准化误差 $Std\varepsilon = \varepsilon/\sigma$ 的分布已知,其密度函数为 $f_{Std\varepsilon}(u)$,分布函数为 $F_{Std\varepsilon}(u)$,并以 $Std\varepsilon_{\alpha}$ 记该分布的 α 分位数。

以 D_f 记失效水平。不妨设对于固定的 (S,θ), $g(t,S,\theta)$ 为 t 的单调增函数,并定义 $g^{-1}(y,S,\theta) = \inf\{t : g(t,S,\theta) \geqslant y\}$,则易知在固定应力 S 下,产品在时刻 t 的可靠度函数为

$$R(t) = P(T > t) = F_{Std\varepsilon}(\frac{D_f - g(t,S,\theta_0)}{\sigma})$$

平均寿命为

$$E(T) = \int_0^\infty \frac{t}{\sigma} \frac{\partial g(t,S,\theta_0)}{\partial t} f_{Std\varepsilon}(\frac{D_f - g(t,S,\theta_0)}{\sigma})dt$$

$1 - \alpha$ 可靠寿命为

$$t_\alpha = g^{-1}(D_f - \sigma Std\varepsilon_{1-\alpha}, S, \theta_0)$$

当 ε 的分布关于0 对称时,中位寿命为

$$t_{0.5} = g^{-1}(D_f, S, \theta_0)$$

与 ε 的具体分布形式无关。

注 2.1 上述结果是在假定正常应力 S 没有误差时的结果,若已知 S 也带有误差 e_1,且 e_1 的密度函数 $f_{e_1}(c)$ 已知,则此时平均寿命变为

$$E(T) = \int_{-\infty}^\infty \left[\int_0^\infty \frac{t}{\sigma} \frac{\partial g(t,S+c,\theta_0)}{\partial t} f_{Std\varepsilon}(\frac{D_f - g(t,S+c,\theta_0)}{\sigma})dt \right] f_{e_1}(c)dc$$

$1 - \alpha$ 可靠寿命为

$$t_\alpha = \int_{-\infty}^\infty g^{-1}(D_f - \sigma Std\varepsilon_{1-\alpha}, S+c, \theta_0) f_{e_1}(c)dc$$

其他可靠性指标可以做相应修改。

在以上各个式子中以估计量 $\hat{\gamma}_m$ 代替未知参数,即得到相应可靠性指标的点估计,以及估计的渐近分布。具体结果总结在下列推论中。

推论 2.1 在定理2.2的条件下，进一步假定 $g^{-1}(y - \sigma Std\varepsilon_\alpha, S, \theta)$ 关于γ 连续可微，则

(1) $1 - \alpha$ 可靠寿命 t_α 的点估计为

$$\hat{t}_\alpha = g^{-1}(D_f - \hat{\sigma}_m Std\varepsilon_{1-\alpha}, S, \hat{\theta}_m)$$

并且

$$\sqrt{m}(\hat{t}_\alpha - t_\alpha) \xrightarrow{L} N\left(0, \frac{\partial g^{-1}(D_f - \sigma_0 Std\varepsilon_{1-\alpha}, S, \theta_0)}{\partial \gamma^\tau} V_\gamma \frac{\partial g^{-1}(D_f - \sigma_0 Std\varepsilon_{1-\alpha}, S, \theta_0)}{\partial \gamma}\right)$$

其中

$$V_\gamma = \left\{ \sum_{i=1}^{N} E\left[\frac{\partial \rho_{i1}^T(\gamma_0)}{\partial \gamma} Z_i^{-1}(\gamma_0) \frac{\partial \rho_{i1}(\gamma_0)}{\partial \gamma^T}\right] \right\}^{-1}$$

为 $\hat{\gamma}_m$ 的渐近协方差阵。

t_α 的近似 $1 - \beta$ 置信下限为：

$$g^{-1}(D_f - \hat{\sigma}_m Std\varepsilon_{1-\alpha}, S, \hat{\theta}_m) - \frac{z_{1-\beta}}{\sqrt{m}} \hat{\sigma}_{t_\alpha}$$

其中 $z_{1-\beta}$为$N(0,1)$ 的 $1 - \beta$ 分位数，

$$\hat{\sigma}_{t_\alpha}^2 = \frac{\partial g^{-1}(D_f - \sigma Std\varepsilon_{1-\alpha}, S, \theta)}{\partial \gamma^\tau} V_\gamma \frac{\partial g^{-1}(D_f - \sigma Std\varepsilon_{1-\alpha}, S, \theta)}{\partial \gamma}\bigg|_{\gamma=\hat{\gamma}_m}$$

(2) 期望寿命的点估计为

$$\widehat{E(T)} = \int_0^\infty \frac{t}{\hat{\sigma}_m} \frac{\partial g(t, S, \hat{\theta}_m)}{\partial t} f_{Std\varepsilon}\left(\frac{D_f - g(t, S, \hat{\theta}_m)}{\hat{\sigma}_m}\right) dt$$

注 2.2 在一定的附加条件下，我们也可以写出期望寿命点估计的渐近分布。

2.3 模拟研究

在加速退化试验中，最典型的退化关系是退化表现 y 与产品年龄 t 的线性关系[1]，也就是 $y = \alpha + \beta(S)t$，其中，随着试验的不同，$\beta(S)$ 的形式也不尽相同。

---

[1]Meeker W Q, Escobar L A. Statistical Methods for Reliability Data[M]. New York: John Wiley Press, 1998.

在此处模拟中，退化速度按指数律进行，设 $\beta(S) = \beta' \exp(S)$，再考虑到应力带有随机误差，取 $i = 1, 2, \cdots, 10$，$j = 1, 2, \cdots, 50$，有

$$y_{ij} = 3 + 7t_{ij} \cdot \exp(0.01 \times (S_i + e_{ij})) + \varepsilon_{ij}$$

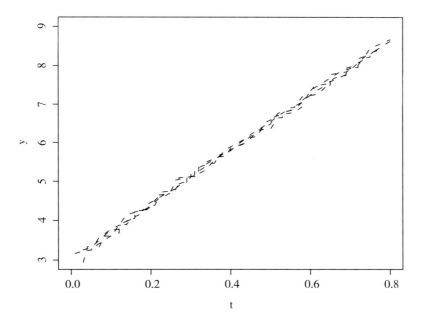

图 2.2 退化轨道

$$S = (S_1, \quad S_2, \quad \cdots, \quad S_{10})$$
$$= (0.71, \quad 0.73, \quad 0.77, \quad 0.79, \quad 0.82, \quad 0.86, \quad 0.88, \quad 0.91, \quad 0.94, \quad 0.97)$$

$$t_{ij} \overset{i.i.d}{\sim} \frac{1}{80} I_{\{0.01, \ 0.02, \ 0.03, \ \cdots, \ 0.79, \ 0.80\}}$$

$$e_{ij} \overset{i.i.d}{\sim} N(0, \ 0.00625^2)$$

$$\varepsilon_{ij} \overset{i.i.d}{\sim} N(0, \ 0.1^2)$$

图2.2为上述关系下的退化量 y 与时间 t 的关系。

在模拟中，本书计算了用单位权矩阵得到的 MDE1 和用两步估计权矩阵得到的 MDE2，对比于普通最小二乘估计 (LSE)

$$\widehat{\gamma} = \arg\min_{\gamma\in\Gamma} \sum_{i=1}^{N}\sum_{j=1}^{m} (y_{ij} - g(t_{ij}, S_i, \theta))^2$$

和用了分布信息的最小二乘估计 (DLSE)

$$\widetilde{\gamma} = \arg\min_{\gamma\in\Gamma} \sum_{i=1}^{N}\sum_{j=1}^{m} (y_{ij} - \int_{-\infty}^{\infty} g(t_{ij}, S_i + c, \theta)f_e(c)dc)^2$$

重复5 000次计算了蒙特卡洛(Monte Carlo)均值，标准差 (SSE) 和均方误差根 (RMSE)，如表2.1所示。

表 2.1　重复5 000次的模拟结果 $\theta = (a, b, \sigma^2)$

真值		$a=3$	$b=7$	$\sigma^2=0.01$
估计值	LSE	3.078 9	2.958 9	0.082 9
	DLSE	3.078 9	2.953 1	0.082 9
	MDE1	2.988 1	7.008 9	0.099 3
	MDE2	2.999 3	7.000 8	0.009 2
SSE	LSE	0.018 1	0.022 9	0.004 6
	DLSE	0.018 1	0.022 8	0.004 6
	MDE1	0.025 8	0.031 2	0.148 9
	MDE2	0.009 7	0.020 8	0.004 2
RMSE	LSE	0.081 0	4.041 2	0.073 1
	DLSE	0.081 0	4.047 0	0.073 1
	MDE1	0.028 4	0.032 4	0.173 6
	MDE2	0.009 7	0.020 8	0.004 3

表2.1的模拟结果说明，LSE 和 DLSE 对参数的估计呈现了明显的偏差。对比于 LSE，DLSE 虽然用了应力误差的分布信息，但对估计值的 SSE 和 RMSE 没有太大影响。用单位权矩阵作估计的 MDE1，不仅偏差大而且 SSE 相对其他三种方法大很多，然而两步估计 MDE2 的估计相对来说是四种方法中最好的。在假定失效水平为 300，正常应力为 0.5 的条件下，可以用 MDE2 来估计在正

常应力水平下产品的退化轨道是

$$y_0 = 2.999\,3 + 7.035\,9t$$

在时刻 t 的可靠度函数为

$$P(T > t) = \Phi(2\,970.01 - 70.36t)$$

式中，Φ 为标准正态分布的分布函数。

该产品的平均寿命 $\widehat{E(T)} = 42.21$。其 90% 可靠寿命为 $\widehat{t_{0.1}} = 42.05$，$\widehat{t_{0.1}}$ 的近似 95% 置信下限为 41.99。

2.4 基于模拟的估计

对于大多数退化模型而言，第2.2节中的 $\mu_{ij}(\gamma)$ 和 $D_{ij}(\gamma)$ 不容易或不可能算出其显式表达式。如 Arrhenius 比例关系 $\beta(S) = \beta' \exp(-\gamma/S)$，Eyring比例关系 $\beta(S) = \beta' \exp(-\gamma/S - \lambda \cdot V - \alpha \cdot (V/S))$ 等，其中 $\beta', \gamma, \lambda, \alpha$ 是退化过程中的参数。由于 $f_e(c)$ 已知，故可采用Monte Carlo 积分来计算。

从 $f_e(c)$ 中抽取 $2n$ 个独立同分布样本 $X_1, \cdots, X_{2n}$，令

$$\mu_{ij,1}(\gamma) = \frac{1}{n} \sum_{l=1}^{n} g(t_{ij}, S_i + X_l, \theta)$$

$$\mu_{ij,2}(\gamma) = \frac{1}{n} \sum_{l=n+1}^{2n} g(t_{ij}, S_i + X_l, \theta)$$

$$D_{ij,1}(\gamma) = \frac{1}{n} \sum_{l=1}^{n} g^2(t_{ij}, S_i + X_l, \theta) + \sigma^2$$

$$D_{ij,2}(\gamma) = \frac{1}{n} \sum_{l=n+1}^{2n} g^2(t_{ij}, S_i + X_l, \theta) + \sigma^2$$

此时 γ 的估计为

$$\widehat{\gamma}_{m,n} = \arg\min_{\gamma \in \Gamma} Q_{m,n}(\gamma) = \arg\min_{\gamma \in \Gamma} \sum_{i=1}^{N} \sum_{j=1}^{m} \rho_{ij,1}^T(\gamma) w_i \rho_{ij,2}(\gamma)$$

其中

$$\rho_{ij,k}(\gamma) = (y_{ij} - \mu_{ij,k}(\gamma), y_{ij}^2 - D_{ij,k}(\gamma))^T \qquad k = 1, 2$$

在此处模拟中，采用 Arrhenius 比例关系，即 $\beta(S) = \beta' \exp(-1/S)$，再考虑到应力带有随机误差，取 $i = 1, 2, \cdots, 10$，$j = 1, 2, \cdots, 50$，有

$$y_{ij} = 3 + 7t_{ij} \cdot \exp(-1/(S_i + e_{ij})) + \varepsilon_{ij}$$

$$
\begin{aligned}
S &= (S_1, \ S_2, \ \cdots, \ S_{10}) \\
&= (0.71, \ 0.73, \ 0.77, \ 0.79, \ 0.82, \ 0.86, \ 0.88, \ 0.91, \ 0.94, \ 0.97)
\end{aligned}
$$

$$t_{ij} \overset{i.i.d}{\sim} \frac{1}{80} I_{\{1, \ 2, \ \cdots, \ 80\}}$$

$$e_{ij} \overset{i.i.d}{\sim} N(0, \ 0.006\,25^2)$$

$$\varepsilon_{ij} \overset{i.i.d}{\sim} N(0, \ 1)$$

表 2.2 重复 5 000 次的模拟结果 $\theta = (a, b, \sigma^2)$

真值		$a = 3$	$b = 7$	$\sigma^2 = 1$
	LSE	2.988 2	7.010 5	1.795 1
估计值	MDE1	2.984 3	6.993 3	0.964 6
	MDE2	2.994 0	6.994 8	0.991 3
	LSE	0.105 0	0.009 4	0.159 5
SSE	MDE1	0.024 2	0.007 6	0.139 0
	MDE2	0.011 2	0.004 1	0.037 0
	LSE	0.105 7	0.014 1	0.810 9
RMSE	MDE1	0.028 8	0.010 1	0.143 4
	MDE2	0.012 7	0.006 6	0.038 0

通过表 2.2 的模拟结果可以看出，MDE2 的结果优于 MDE1 和 LSE。在假定失效水平为 3 000，正常应力为 0.5 的条件下，可以用 MDE2 估计在正常应力水平下产品的退化轨道

$$y_0 = 2.994\,0 + 0.946\,6t$$

在 t 时刻的可靠度函数为

$$P(T > t) = \Phi(2\,997.01 - 0.95t)$$

该产品的中位寿命 $\widehat{t_{0.5}} = 3\,168.09$，其 90% 可靠寿命为 $\widehat{t_{0.1}} = 3\,159.01$，$\widehat{t_{0.1}}$ 的近似 95% 置信下限为 3 155.83。

2.5 实例分析

在本章开头的部分介绍了一种绝缘材料在高应力下进行加速退化的例子。下面用这个例子来说明本章方法的有效性。

表 2.3 绝缘材料的击穿电压

	$T_1 = 453K$				$T_2 = 498K$			
1周	15.0	17.0	15.5	16.5	15.5	15.0	16.0	14.5
2周	14.0	16.0	13.0	13.5	13.0	13.5	12.5	12.5
4周	13.5	17.5	17.5	13.5	12.5	12.5	15.0	13.0
8周	15.0	15.0	15.5	16.0	13.0	10.5	13.5	14.0
16周	18.5	17.0	15.3	16.0	13.0	14.0	12.5	11.0
32周	12.5	13.0	16.0	12.0	11.0	9.5	11.0	11.0
48周	13.0	13.5	16.5	13.6	11.5	10.5	13.5	12.0
64周	13.0	12.5	16.5	16.0	11.0	11.5	10.5	10.0
	$T_3 = 523K$				$T_4 = 548K$			
1周	15.0	14.5	12.5	11.0	14.0	13.0	14.0	11.5
2周	12.5	12.0	11.5	12.0	13.0	11.5	13.0	12.5
4周	12.0	13.0	12.0	13.5	10.0	11.5	11.0	9.5
8周	12.5	12.0	11.5	11.5	6.5	5.5	6.0	6.0
16周	12.0	12.0	11.5	12.0	6.0	6.0	5.0	5.5
32周	11.0	10.0	10.5	10.5	2.7	2.7	2.5	2.4
48周	7.0	6.9	8.8	7.9	1.2	1.5	1.0	1.5
64周	7.3	7.5	6.7	7.6	1.5	1.0	1.2	1.2

某种绝缘材料的寿命是很长的，新的绝缘材料在工作温度 150°C 下要几千伏电压才能击穿。可随着时间的延长，绝缘材料会老化，其击穿电压也随之下降，当下降到能被 2kV 电压击穿时认为材料失效。可见击穿电压是退化量，记为 V。然而测量击穿电压 V 是破坏性的，每次测量击穿了的绝缘材料就不能再

参加试验了。不难想象，同样数量的样品，破坏性测量得到的退化数据所提供的退化信息要比非破坏性连续测量得到的退化数据所提供的退化信息少得多，但破坏性测量得到的退化数据是独立的。所以为了使破坏性测量得到的退化数据能提供更多信息，常常使用更多的样品。

上述绝缘材料的恒加退化试验的安排如下：

(1) 考虑4个加速温度水平 (K表示绝对温度)：$T_1 = 453\text{K}$, $T_2 = 498\text{K}$, $T_3 = 523\text{K}$, $T_4 = 548\text{K}$ 。

(2) 在每个温度水平上，做8次测量，这8次测量时间（单位：周）为 1, 2, 4, 8, 16, 32, 48, 64。

(3) 对上述4个温度水平和8个测量时间的每个组合分别取4个样品，测其击穿电压，共需 $4 \times 8 \times 4 = 128$ 个样品。

数据如表2.3所示。

尼尔森对这批数据进行了分析，提出如下模型

$$y_{ij} = a - c_i \times t_j + \varepsilon_{ij} \tag{2.10}$$

式中，$y_{ij} = \ln V_{ij}$ 表示击穿电压的对数；$i = 1, 2, 3, 4$ 表示温度的四个水平，$j = 1, 2, \cdots, 32$ 表示每个温度水平下有32个观测值；a 是不依赖温度 T_i 和时间 t_j 的常数；$c_i = c(T_i)$ 表示退化的速度依赖于温度水平。尼尔森认为，退化速度应按阿伦尼斯比例关系进行，即

$$c(T_i) = c_1 \times e^{-d/T_i}$$

式中，c_1 与 d 是常数，$d = E/k$，E 是激活能，k 是玻尔兹曼常数。

式2.10中的 ε_{ij} 为测量误差，假定它们相互独立，且

$$\varepsilon_{ij} \sim N(0, \sigma_\varepsilon^2), \quad i = 1, 2, 3, 4, \quad j = 1, 2, \cdots, 32$$

最后，尼尔森利用极大似然法对这批数据进行处理，得出在正常工作温度 $T_0 = 423\text{K}$ 下的平均寿命为6 560年。这个结果已经超出人们能想象的范围。改变统计模型和改善统计方法是迫切需要研究的问题。

茆诗松等[1]对该数据进行统计分析，认为 a 是依赖 T_i 的参数，即 $a_i = a - b \times T_i$。

---

[1]茆诗松, 汤银才, 王玲玲. 可靠性统计[M]. 北京：高等教育出版社, 2008.

综合式2.10和上述条件有如下模型：

$$y_{ij} = a - b \times T_i - c_1 \times t_j \times e^{-d/T_i} + \varepsilon_{ij} \tag{2.11}$$

在不考虑四个温度水平有误差的情况下，得到参数的最小二乘估计为

$$\hat{a} = 1.81, \quad \hat{b} = 0.001\,364, \quad \hat{c}_1 = 25\,336.47, \quad \hat{d} = 8\,013.31, \quad \hat{\sigma}_\varepsilon^2 = 1.72$$

故在正常工作温度 $T_0 = 423K$ 下线性退化轨道为

$$y_0 = 1.23 - 0.000\,15t$$

由于失效水平 $D_f = 2kV$，则此种绝缘材料的中位寿命为

$$\widehat{t_{0.5}} = 3\,595.23 \ \text{周} \ \simeq 68 \ \text{年零}11 \ \text{个月}$$

用该方法得到退化轨道的估计与真实退化轨道有些偏差，可以通过 $t = 1,\ 2,\ 4$ 时的真实退化数据来验证。

若考虑温度水平有误差，且误差服从正态分布

$$e_{ij} \sim N(0,\ 1), \quad x_{ij} = T_i + e_{ij}, \quad i = 1,\ 2,\ 3,\ 4, \quad j = 1,\ 2,\ \cdots,\ 32$$

用本书的方法得到如下估计：

$$\hat{a} = 3.02, \quad \hat{b} = 0.000\,868\,4, \quad \hat{c}_1 = 35\,113.47, \quad \hat{d} = 7\,565.08, \quad \hat{\sigma}_\varepsilon^2 = 0.43$$

在正常工作温度 $T_0 = 423K$ 场合的线性退化轨道为

$$y_0 = 2.65 - 0.000\,6t$$

则在失效水平 $D_f = 2kV$ 下绝缘材料的中位寿命为

$$\widehat{t_{0.5}} = 3\,266.49 \ \text{周} \ \simeq 62 \ \text{年零}8 \ \text{个月}$$

进一步假定 ε 服从 $N(0, 0.43)$，在 t 时刻的可靠度函数为

$$P(T > t) = 1 - \Phi(2.98 - 0.000\,91t)$$

平均寿命

$$\widehat{E(T)} = 3\,292.91 \ \text{周} \ \simeq 63 \ \text{年零}2\text{个月}$$

90% 可靠寿命为

$$\widehat{t_{0.1}} = 1\,868.13 \ \text{周} \ \simeq 35 \ \text{年零}10 \ \text{个月}$$

$\widehat{t_{0.1}}$ 的近似 95% 置信下限为 $1\,583.64$ 周 $\simeq 24$ 年零7个月。

2.6 定理的证明

在证明第2.2节中定理的结果之前，先介绍定理证明中用到的已有结果。令 $X = (X_1, X_2, \cdots, X_m)$ 是独立同分布 (i.i.d) 的简单随机样本，γ 是未知参数向量。$H(X, \gamma)$ 和 $S_m(X, \gamma)$ 对固定的 $\gamma \in \Gamma$ 是X的连续函数，$G(X)$ 是 X 的可测函数。在上述条件下，延里希 (Jennrich)[①]中的定理2和雨宫(Amamiya)[②]中的定理4.1.1,定理4.1.5有如下描述。

引理 2.1 假定 $E \sup\limits_{\gamma \in \Gamma} |H(X_1, \gamma)| < EG(X_1) < \infty$，则当 $m \to \infty$ 时，对 $\forall \gamma \in \Gamma$, $\dfrac{1}{m} \sum\limits_{j=1}^{m} H(X_j, \gamma) \xrightarrow{a.s.} EH(X_1, \gamma)$。

引理 2.2 若对 $\forall \gamma \in \Gamma$, $S_m(X, \gamma) \xrightarrow{a.s.} S(\gamma)$, $S(\gamma)$ 在 $\gamma_0 \in \Gamma$ 有唯一的最小值，并且存在一个可测函数 $\widehat{\gamma}_m(X)$, 满足对 $\forall X$, $S_m(X, \widehat{\gamma}_m(X)) = \inf\limits_{\gamma \in \Gamma} S_m(X, \gamma)$, 那么 $\widehat{\gamma}_m \xrightarrow{a.s.} \gamma_0$。

引理 2.3 若当 $m \to \infty$ 时，对于 γ_0 的开邻域里的 γ, 有 $S_m(X, \gamma)$ 几乎处处收敛到一个非随机函数 $S(\gamma)$, $S(\gamma)$ 在 γ_0 是连续的，且$\widehat{\gamma}_m \xrightarrow{a.s.} \gamma_0$, 则 $S_m(X, \widehat{\gamma}_m) \xrightarrow{a.s.} S(\gamma_0)$。

记 $\mathrm{Vec}(A)$ 为矩阵 A 按列拉直向量，$\otimes$ 为克罗内克 (Kronecher) 乘积。$\forall i$, $1 \leqslant i \leqslant N$, 有

$$t_i = (t_{i1}, \ t_{i2}, \ \cdots, \ t_{im})^T \qquad q_i(\gamma) = \sum_{j=1}^{m} \rho_{ij}^T(\gamma) w_i \rho_{ij}(\gamma)$$

$$H_i(\gamma) = E[\rho_{i1}^T(\gamma) w_i \rho_{i1}(\gamma)] \qquad Q(\gamma) = \sum_{i=1}^{N} H_i(\gamma)$$

[①]Jennrich R I. Asymptotic Properties of Non-linear Least Squares Estimators[J]. Annals of Mathematical Statistics, 1969, 40: 633-643.

[②]Amemiya T. Regression Analysis When the Dependent Variable is Truncated Normal[J]. Econometrica, 1973, 41: 997-1016.

2.6.1 定理2.1的证明

$\forall i$, $i = 1,\ 2,\ \cdots,\ N$,

$$
\begin{aligned}
\|\rho_{i1}(\gamma)\|^2 &= (y_{i1} - \mu_{i1}(\gamma))^2 + (y_{i1}^2 - D_{i1}(\gamma))^2 \\
&\leqslant 2y_{i1}^2 + 2\mu_{i1}^2(\gamma) + 2y_{i1}^4 + 2D_{i1}^2(\gamma) \\
&= 2y_{i1}^2 + 2(\int_{-\infty}^{\infty} g(t_{i1}, S_i + c, \theta)f_e(c)dc)^2 + 2y_{i1}^4 + \\
&\quad 2(\int_{-\infty}^{\infty} g^2(t_{i1}, S_i + c, \theta)f_e(c)dc + \sigma^2)^2 \\
&\leqslant 2y_{i1}^2 + 2\int_{-\infty}^{\infty} g^2(t_{i1}, S_i + c, \theta)f_e(c)dc + 2y_{i1}^4 + \\
&\quad 4\int_{-\infty}^{\infty} g^4(t_{i1}, S_i + c, \theta)f_e(c)dc + 4\sigma^4
\end{aligned}
$$

由瑞利－里兹 (Rayleigh-Ritz) 公式和假定 A1，有

$$
\begin{aligned}
&E\sup_{\Gamma} \rho_{i1}^T(\gamma)w_i\rho_{i1}(\gamma) \\
&\leqslant E\|w_i\|\sup_{\Gamma}\|\rho_{i1}(\gamma)\|^2 \\
&\leqslant 2E\|w_i\|y_{i1}^2 + 2E\|w_i\|\int_{-\infty}^{\infty}\sup_{\Theta} g^2(t_{i1}, S_i + c, \theta)f_e(c)dc + \\
&\quad 2E\|w_i\|y_{i1}^4 + 4E\|w_i\|\int_{-\infty}^{\infty}\sup_{\Theta} g^4(t_{i1}, S_i + c, \theta)f_e(c)dc + \\
&\quad 4E\|w_i\|\sup_{\Sigma}\sigma^4 \\
&< \infty
\end{aligned}
$$

由引理2.1，对 $\forall \gamma \in \Gamma$，$\frac{1}{m}q_i(\gamma)$ 几乎处处收敛到 $H_i(\gamma)$。故由斯拉斯基(Slutsky) 定理，有 $\frac{1}{m}Q_m(\gamma)$ 几乎处处收敛到 $Q(\gamma)$。由于

$$H_i(\gamma) = H_i(\gamma_0) + E[(\rho_{i1}(\gamma) - \rho_{i1}^T(\gamma_0))^T w_i(\rho_{i1}(\gamma) - \rho_{i1}(\gamma_0))]$$

而且

$$Q(\gamma) = Q(\gamma_0) + \sum_{i=1}^{N} E[(\rho_{i1}(\gamma) - \rho_{i1}(\gamma_0))^T w_i(\rho_{i1}(\gamma) - \rho_{i1}(\gamma_0))]$$

$$E[\rho_{i1}^T(\gamma_0)w_i(\rho_{i1}(\gamma) - \rho_{i1}(\gamma_0))] = E[E(\rho_{i1}^T(\gamma_0)|t_{i1}^T)w_i(\rho_{i1}(\gamma) - \rho_{i1}(\gamma_0))] = 0$$

所以$Q(\gamma) \geqslant Q(\gamma_0)$。

由假定A5，等号成立当且仅当 $\gamma = \gamma_0$，再由引理2.2，有

$$\widehat{\gamma}_m \xrightarrow{a.s.} \gamma_0$$

下面是渐近正态性的证明。

由假定 A3，因为

$$\frac{\partial Q_m(\widehat{\gamma}_m)}{\partial \gamma} = 0$$

所以在 γ_0 的一个邻域 $\Gamma_0 \subset \Gamma$，一阶偏导数 $\frac{\partial Q_m(\gamma)}{\partial \gamma}$ 存在且有一阶泰勒展开。又由于 $\widehat{\gamma}_m \xrightarrow{a.s.} \gamma_0$，则对充分大的 m，有

$$0 = \frac{\partial Q_m(\gamma_0)}{\partial \gamma} + \frac{\partial^2 Q_m(\widetilde{\gamma}_m)}{\partial \gamma \partial \gamma^T}(\widehat{\gamma}_m - \gamma_0) \tag{2.12}$$

其中

$$\|\widetilde{\gamma}_m - \gamma_0\| \leqslant \|\widehat{\gamma}_m - \gamma_0\|$$

由式2.12得

$$\sqrt{m}(\widehat{\gamma}_m - \gamma_0) = -(\frac{1}{2 \times m}\frac{\partial^2 Q_m(\widetilde{\gamma}_m)}{\partial \gamma \partial \gamma^T})^{-1}(\frac{1}{2\sqrt{m}}\frac{\partial Q_m(\gamma_0)}{\partial \gamma}) \tag{2.13}$$

下面往证

$$\frac{1}{2}\frac{1}{\sqrt{m}}\frac{\partial Q_m(\gamma_0)}{\partial \gamma} \xrightarrow{L} N(0, \sum_{i=1}^{N} C_i) \tag{2.14}$$

$$\frac{1}{2} \times \frac{1}{m}\frac{\partial^2 Q_m(\widetilde{\gamma}_m)}{\partial \gamma \partial \gamma^T} \xrightarrow{a.s.} B \tag{2.15}$$

即可知结论成立。

先证明式2.14成立，由于 $Q_m(\gamma)$ 的一阶偏导数为

$$\frac{\partial Q_m(\gamma)}{\partial \gamma} = 2\sum_{i=1}^{N}\sum_{j=1}^{m}\frac{\partial \rho_{ij}^T(\gamma)}{\partial \gamma}w\rho_{ij}(\gamma)$$

$$\frac{\partial \rho_{ij}^T(\gamma)}{\partial \gamma} = -(\frac{\partial \mu_{ij}(\gamma)}{\partial \gamma}, \frac{\partial D_{ij}(\gamma)}{\partial \gamma})$$

对固定的 i，$\frac{\partial \rho_{ij}^T(\gamma)}{\partial \gamma}w_i\rho_{ij}(\gamma)$，$j = 1, \cdots, m$ 是独立同分布的，再根据假定A4 和中心极限定理有

$$\frac{1}{\sqrt{m}}\sum_{j=1}^{m}\frac{\partial \rho_{ij}^T(\gamma_0)}{\partial \gamma}w_i\rho_{ij}(\gamma_0) \xrightarrow{L} N(0, C_i)$$

$$C_i = E[\frac{\partial \rho_{i1}^T(\gamma_0)}{\partial \gamma} w_i \rho_{i1}(\gamma_0) \rho_{i1}^T(\gamma_0) w_i \frac{\partial \rho_{i1}(\gamma_0)}{\partial \gamma^T}]$$

则

$$\frac{1}{\sqrt{m}} \sum_{i=1}^{N} \sum_{j=1}^{m} \frac{\partial \rho_{ij}^T(\gamma_0)}{\partial \gamma} w_i \rho_{ij}(\gamma_0) \xrightarrow{L} N(0, \sum_{i=1}^{N} C_i)$$

$$\frac{1}{2} \frac{1}{\sqrt{m}} \frac{\partial Q_m(\gamma_0)}{\partial \gamma} \xrightarrow{L} N(0, \sum_{i=1}^{N} C_i)$$

接下来证明式2.15成立，由于 $Q_m(\gamma)$ 的二阶偏导数为

$$\frac{\partial^2 Q_m(\gamma)}{\partial \gamma \partial \gamma^T} = 2 \sum_{i=1}^{N} \sum_{j=1}^{m} [\frac{\partial \rho_{ij}^T(\gamma)}{\partial \gamma} w_i \frac{\partial \rho_{ij}(\gamma)}{\partial \gamma^T} + \rho_{ij}^T(\gamma) w_i \otimes I_{p+1} \frac{\partial \mathrm{Vec}(\frac{\partial \rho_{ij}^T(\gamma)}{\partial \gamma})}{\partial \gamma^T}]$$

$$\frac{\partial \mathrm{Vec}(\frac{\partial \rho_{ij}^T(\gamma)}{\partial \gamma})}{\partial \gamma^T} = -(\frac{\partial^2 \mu_{ij}(\gamma)}{\partial \gamma \partial \gamma^T}, \frac{\partial^2 D_{ij}(\gamma)}{\partial \gamma \partial \gamma^T})^T$$

再一次运用假定A3， $\frac{\partial^2 \mu_{ij}(\gamma)}{\partial \gamma \partial \gamma^T}$ 中的非零元是

$$\frac{\partial^2 \mu_{ij}(\gamma)}{\partial \theta \partial \theta^T} = \int_{-\infty}^{\infty} \frac{\partial^2 g(t_{ij}, S_i + c, \theta)}{\partial \theta \partial \theta^T} f_e(c) dc$$

$\frac{\partial^2 D_{ij}(\gamma)}{\partial \gamma \partial \gamma^T}$ 中的非零元是

$$\begin{aligned} \frac{\partial^2 D_{ij}(\gamma)}{\partial \theta \partial \theta^T} &= 2 \int_{-\infty}^{\infty} \frac{\partial^2 g(t_{ij}, S_i + c, \theta)}{\partial \theta \partial \theta^T} g(t_{ij}, S_i + c, \theta) f_e(c) dc \\ &+ 2 \int_{-\infty}^{\infty} \frac{\partial g(t_{ij}, S_i + c, \theta)}{\partial \theta} \frac{\partial g(t_{ij}, S_i + c, \theta)}{\partial \theta^T} f_e(c) dc \end{aligned}$$

所以，由引理2.1及引理2.3，对 $\forall \gamma \in \Gamma_0$，有

$$\begin{aligned} & \frac{1}{m} \frac{\partial^2 Q_m(\tilde{\gamma}_m)}{\partial \gamma \partial \gamma^T} \\ = & 2 \sum_{i=1}^{N} \frac{1}{m} \sum_{j=1}^{m} \frac{\partial^2 (\rho_{ij}^T(\tilde{\gamma}_m) w_i \rho_{ij}(\tilde{\gamma}_m))}{\partial \gamma \partial \gamma^T} \\ \xrightarrow{a.s.} & 2 \sum_{i=1}^{N} E[\frac{\partial \rho_{i1}^T(\gamma_0)}{\partial \gamma} w_i \frac{\partial \rho_{i1}(\gamma_0)}{\partial \gamma^T} + \rho_{i1}^T(\gamma_0) w_i \otimes I_{p+1} \frac{\partial \mathrm{Vec}(\frac{\partial \rho_{i1}^T(\gamma_0)}{\partial \gamma})}{\partial \gamma^T}] \\ = & 2B \end{aligned}$$

其中第二项为 0，是因为对 $\forall\, i$，有

$$
\begin{aligned}
& E[\rho_{i1}^T(\gamma_0)w_i \otimes I_{p+1}\frac{\partial \mathrm{Vec}(\frac{\partial \rho_{i1}^T(\gamma_0)}{\partial \gamma})}{\partial \gamma^T}] \\
=\ & E[E(\rho_{i1}^T(\gamma_0)|t_{i1})w_i \otimes I_{p+1}\frac{\partial \mathrm{Vec}(\frac{\partial \rho_{i1}^T(\gamma_0)}{\partial \gamma})}{\partial \gamma^T}] \\
=\ & 0
\end{aligned}
$$

从而式2.15成立。

综合式2.13~2.15，有

$$
\sqrt{m}(\widehat{\gamma}_m - \gamma_0) \xrightarrow{L} N(0, B^{-1}CB^{-1})
$$

由瑞利－里兹公式和假定 A4，有

$$
E \sup_{\Gamma} \frac{\partial \rho_{i1}^T(\gamma)}{\partial \gamma}w_i\frac{\partial \rho_{i1}(\gamma)}{\partial \gamma^T} \leqslant E\|w_i\| \sup_{\Gamma} \|\frac{\partial \rho_{i1}(\gamma)}{\partial \gamma^T}\|^2 < \infty
$$

则根据引理2.1，有

$$
\frac{1}{m}\sum_{i=1}^N \sum_{j=1}^m [\frac{\partial \rho_{ij}^T(\widehat{\gamma}_m)}{\partial \gamma}w_i\frac{\partial \rho_{ij}(\widehat{\gamma}_m)}{\partial \gamma^T}] \xrightarrow{a.s.} B
$$

故依概率1，有式2.6成立，式2.7同理可证成立。

证毕。

2.6.2 定理2.2的证明

令随机矩阵 A_i，B_i，C_i，满足对 $\forall\, 1 \leqslant i \leqslant N$，有 $E\|A_i\|^2 < \infty$，$E\|B_i\|^2 < \infty$，并且 $\sum\limits_{i=1}^N E(A_i^T A_i | C_i)$ 是非奇异的，考虑

$$
\Lambda = \left[\sum_{i=1}^N E(A_i^T A_i | C_i)\right]^{-1}\left[\sum_{i=1}^N E(A_i^T B_i | C_i)\right]
$$

则

$$\sum_{i=1}^{N} E[(B_i - A_i\Lambda)^T(B_i - A_i\Lambda)|C_i]$$

$$= \sum_{i=1}^{N} E(B_i^T B_i|C_i) - \sum_{i=1}^{N} E(B_i^T A_i\Lambda|C_i) - \sum_{i=1}^{N} E(\Lambda^T A_i^T B_i|C_i) +$$

$$\sum_{i=1}^{N} E(\Lambda^T A_i^T A_i\Lambda|C_i)$$

$$= \sum_{i=1}^{N} E(B_i^T B_i|C_i) -$$

$$\left[\sum_{i=1}^{N} E(B_i^T B_i|C_i)\right]\left[\sum_{i=1}^{N} E(A_i^T A_i|C_i)\right]^{-1}\left[\sum_{i=1}^{N} E(A_i^T B_i|C_i)\right]$$

$$\geqslant 0$$

上式中等号成立当且仅当在 C_i 给定的条件下

$$B_i = A_i\left[\sum_{i=1}^{N} E(A_i^T A_i|C_i)\right]^{-1}\left[\sum_{i=1}^{N} E(A_i^T B_i|C_i)\right]$$

在上式中取

$$A_i = \rho_{i1}^T(\gamma_0)(\rho_{i1}(\gamma_0)\rho_{i1}^T(\gamma_0))^{-1}\frac{\partial \rho_{i1}(\gamma_0)}{\partial \gamma^T}$$

$$B_i = \rho_{i1}^T(\gamma_0)\frac{\partial \rho_{i1}(\gamma_0)}{\partial \gamma^T}$$

$$C_i = t_{i1}$$

可得定理2.2的结论,其中,等号成立当且仅当

$$w_i = [E(\rho_{i1}(\gamma_0)\rho_{i1}^T(\gamma_0)|t_{i1})]^{-1}$$

即

$$Z_i = E[\rho_{i1}(\gamma_0)\rho_{i1}^T(\gamma_0)|t_{i1}]$$

证毕。

2.7 结束语

本章对独立数据下恒定应力带有误差的加速退化试验进行了统计分析。首先给出了模型中参数的最小距离估计以及可靠度函数、平均寿命、$1-\alpha$ 可靠寿命等可靠性指标的估计。由于加速退化模型的函数形式一般比较复杂，所以又给出了一种两步估计方法，便于实际操作数据。然后，数值模拟对最小距离法和基于模拟估计的两步估计法与忽略应力误差的传统估计方法进行了比较，模拟表明我们所提出的两种方法都相对较好。模拟结果同时也给出了各种可靠性指标的估计值。最后，本章分析了一种绝缘材料的退化数据。在考虑应力是有误差的条件下，根据本章的方法推导出了这批绝缘材料的寿命等各种可靠性指标。尼尔森采用极大似然方法估计这批绝缘材料在正常使用条件下的寿命为 6 560 年，茆诗松等[1]在不考虑应力有误差的情况下，用最小二乘方法估计了产品的寿命约为 68 年零 11 个月，本书的方法估计出的结果约为 62 年零 8 个月。我们所拟合的退化轨道比不考虑应力误差的传统方法更贴近实际数据。本书不仅给出了绝缘材料的寿命估计，同时也给出了如可靠度函数、$1-\alpha$ 可靠寿命等可靠性指标的估计。对于得到数据的工程师来说，过程不复杂，结果很直观，便于他们对该绝缘材料进行下一步研究。

当退化数据背景清楚，能够根据背景确定来自哪个退化模型时，我们的方法对于分析数据既便捷又简单。当不能依据试验背景确定退化模型时，则可以依据退化数据建立退化模型。此时，可以通过拟合优度检验来对拟合的模型进行检验。关于拟合优度检验，见杨振海等的研究[2]。

---

①茆诗松, 汤银才, 王玲玲. 可靠性统计[M]. 北京：高等教育出版社, 2008.
②杨振海, 程维虎, 张军舰. 拟合优度检验[M]. 北京：科学出版社, 2011.

3 纵向数据下应力带有误差的加速
退化试验分析

第2章研究了应力带有误差的破坏性加速退化试验模型，即退化数据是独立的情况。本章主要研究非破坏性应力带有误差的加速退化试验模型，即在固定应力水平下，每个产品的退化数据被多次观测，所以这些退化数据是纵向数据。

考察某些激光设备的寿命，其退化原因是输出光源减弱。这些激光设备含有反馈功能，当激光退化时，用增加操作中的电流保持输出光源近似不变，当操作电流过高时设备会突然失效。现有15台 GaAs 激光设备在 $80°C$ 下进行退化试验，当增加电流达到原电流的 10% 时就认为失效，即 $D_f = 10\%$。在 $t = 0$ 时所有增加电流的百分率为 0，这表明15台设备在开始试验时均属正常，以后每隔 $250h$ 记录电流增加的百分率，直到 $4\,000h$ 为止，其退化轨道如图3.1所示，显然这些退化数据是纵向数据。

加速退化试验是通过加大试验应力来缩短试验周期的一种基本的退化试验方法。由于步加和序加退化试验的操作复杂、试验过程控制较难，因此在实际中恒加退化试验经常被采用。目前，关于恒加退化试验的研究都是认为试验样品受到的应力是固定的，即加速退化试验在试验前给定固定应力水平。但是，在实际的试验过程中，由于受到试验外部环境等因素的影响，试验样品受到的应力往往是带有随机误差的。如果忽略应力中存在的随机误差，将会导致模型中参数的估计不准确，从而造成产品可靠性的推断精度较差。此外，在非破坏性试验中，退化数据是在一段时间内对试验样品的性能指标进行多次观测的值。在工程实际中，每个试验样品在不同时刻得到的退化数据往往具有某种相关性，并且相邻数据之间的相关性很大，离得较远的数据随着时间间隔的增大其相关性也逐渐减小。若忽略这些退化数据之间的相关性，也会导致模型中参数估计不

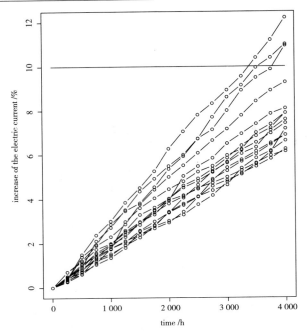

图 3.1 GaAs 激光设备试验数据的退化轨道

准确。为了解决上面提到的两种实际问题，下面对纵向数据下恒定应力带有误差的加速退化试验进行统计分析。

　　本章研究纵向数据下恒定应力带有误差的加速退化模型的参数估计问题。针对纵向数据下恒定应力带有误差的加速退化试验进行了理论分析，给出了模型参数的估计方法，并证明了所得估计量的相合性和渐近正态性，最后对上述方法进行数值模拟，验证所提出方法的有效性。具体结构安排如下：第 3.1 节介绍了纵向数据下恒定应力带有误差的加速退化模型，第 3.2 节是本章模型中参数的估计方法和大样本性质，第 3.3 节给出了退化函数不容易积分时的估计方法，第 3.4 节利用数值模拟的方法显示本书的估计方法优于忽略应力误差和退化数据相关性的传统估计方法。第 3.5 节是本章中定理的证明。

3.1　模型介绍

考虑如下的恒定应力加速退化试验：

(1) N 个加速应力水平 $S_1, \cdots, S_N$，它们都高于正常应力水平 S_0，并且

$S_0 < S_1 < S_2 < \cdots < S_N$；

(2) 每个应力上有 m 个样品进行加速退化试验；

(3) 每个样品被观测 T 次。

用y表示样品的退化指标（退化量），则纵向数据下，恒定应力具有误差的加速退化模型的一般形式如下：

$$\left. \begin{array}{l} y_{ijk} = g(t_{ijk}, x_{ij}, \theta) + \varepsilon_{ijk} \\ x_{ij} = S_i + e_{ij} \end{array} \right\} \tag{3.1}$$

$i = 1, \cdots, N, \ j = 1, \cdots, m, \ k = 1, \cdots, T$

式中，$g(\cdot)$是形式已知的可测函数，它的具体形式与产品特征、几何形状、试验方法有关；t_{ijk} 是第 i 个应力水平 S_i 下第 j 个样品的观测时间；x_{ij} 是第 i 个应力水平下第 j 个样品的实际所受应力水平；$y_{ijk} \in R$，是样品的退化值；$\theta \in R^p$，是未知参数向量；e_{ij} 是独立同分布的应力误差。

已知密度函数为 $f_e(c)$。记$\varepsilon_{ij} = (\varepsilon_{ij1}, \cdots, \varepsilon_{ijT})$, $1 \leqslant i \leqslant N$, $1 \leqslant j \leqslant m$，并设 ε_{ij} 相互独立，即误差序列组间独立，组内具有相关性，且满足对$\forall \, 1 \leqslant k \leqslant T$, $1 \leqslant k^{'} \leqslant T$，有

$$E(\varepsilon_{ijk} | t_{ijk}) = 0$$

$$\mathrm{Cov}(\varepsilon_{ijk}, \varepsilon_{ijk'} | t_{ijk}, t_{ijk'}) = \sigma^2 h(t_{ijk}, t_{ijk'}, \beta)$$

式中，$h(\cdot)$ 是形式已知的协方差函数；观测时间 t_{ijk} 是独立同分布的，且来自分布函数为 F_t 的分布。

不失一般性，设该分布的支撑为闭区间。记$t_{ij} = (t_{ij1}, \cdots, t_{ijT})$，设 e_{ij} 与 ε_{ij} 相互独立。

上述模型也是非线性Berkson测量误差模型，王[①]提出用最小距离方法估计非线性 Berkson 测量误差模型的参数，并研究了当指示变量 S_i 观测值个数无限增多时估计的大样本性质。但在加速退化试验中，应力个数一般不大。本书第2章已给出了该模型在独立数据情况下的参数估计方法，本章讨论在纵向数据条件下的参数估计方法，并证明了该估计在应力个数固定，样品个数 m 可以无限多情况下的相合性和渐近正态性。

---

①Wang L Q. Estimation of Nonlinear Berkson-type Measurement Error Models[J]. Statist Sinica, 2003, 13: 1201-1210. Wang L Q. Estimation of Nonlinear Models with Berkson Measurement Errors[J]. The Annals of Statistics, 2004, 32: 2559-2579.

3.2 方法与主要结果

令 $\gamma = (\theta^T, \sigma^2, \beta^T)^T$ 为模型的参数向量，$\gamma_0 = (\theta_0^T, \sigma_0^2, \beta_0^T)^T$ 为参数真值，假定参数空间 $\Gamma = \Theta \times \Sigma \times \mathcal{H} \subset R^{p+1+q}$ 是紧的。则根据上述模型的假定，在给定 t_{ijk} 的情况下，y_{ijk} 的前两阶条件矩为

$$\mu_{ijk}(\gamma) = E_\gamma(y_{ijk}|t_{ijk}) = \int_{-\infty}^{\infty} g(t_{ijk}, S_i + c, \theta) f_e(c) dc \tag{3.2}$$

$$D_{ijkk'}(\gamma) = E_\gamma(y_{ijk} y_{ijk'}|t_{ijk}, t_{ijk'})$$

$$= \int_{-\infty}^{\infty} g(t_{ijk}, S_i + c, \theta) g(t_{ijk'}, S_i + c, \theta) f_e(c) dc + \sigma^2 h(t_{ijk}, t_{ijk'}, \beta) \tag{3.3}$$

则 γ 的最小距离估计定义为

$$\widehat{\gamma}_m = \arg\min_{\gamma \in \Gamma} Q_m(\gamma) \equiv \arg\min_{\gamma \in \Gamma} \sum_{i=1}^{N} \sum_{j=1}^{m} \rho_{ij}^T(\gamma) w_i \rho_{ij}(\gamma)$$

其中

$$\rho_{ij}(\gamma) = (y_{ijk} - \mu_{ijk}(\gamma), 1 \leqslant k \leqslant T, y_{ijk} y_{ijk'} - D_{ijkk'}(\gamma), 1 \leqslant k \leqslant k' \leqslant T)^T$$

$w_i = w_i(S_1, \cdots, S_N)$ 是 $\frac{T^2+3T}{2} \times \frac{T^2+3T}{2}$ 维的非奇异矩阵，且依赖于 $S_1, \cdots, S_N$。
假定模型3.1满足以下条件（其中，$\|\cdot\|$ 表示欧氏范数）：

A1 对每一个 $(x_{ij}, \theta^T)^T \in R \times \Theta$，$g(t_{ijk}, x_{ij}, \theta)$ 是 t_{ijk} 的一个可测的连续函数，且 $E\|w_i\|(y_{ijk}^4 + 1) < \infty$ 和 $E\|w_i\| \int_{-\infty}^{\infty} \sup_\Theta g^4(t_{ijk}, S_i + c, \theta) f_e(c) dc < \infty$；

A2 对 $\forall \beta$，$h^2(t_{ijk}, t_{ijk'}, \beta)$ 为有界函数；

A3 $\sum_{i=1}^{N} E[(\rho_{i1}(\gamma) - \rho_{i1}(\gamma_0))^T w_i (\rho_{i1}(\gamma) - \rho_{i1}(\gamma_0))] = 0$ 当且仅当 $\gamma = \gamma_0$。

其中 A1 和 A2 用来确保 $Q_m(\gamma)$ 的连续性和一致收敛性。A3 要求参数的可识别性，说明对大的m，$Q_m(\gamma)$ 有唯一最小值点 γ_0。为了得到 $\widehat{\gamma}_m$ 的渐近正态性，作如下假定：

A4 存在开集 $\Theta_0 \subset \Theta$，使得 $\theta_0 \in \Theta_0$，且 $g(t, S+c, \theta)$ 关于 θ 是二阶连续可微的。并且存在正的函数 $G(t, S+c, \theta)$ 满足 $E\|w\|(\int_{-\infty}^{\infty} G(t, S+c, \theta) dc)^2 < \infty$。要求 $g(t, S+c, \theta) f_e(c)$ 和 $g^2(t, S+c, \theta) f_e(c)$ 的所有关于 θ 的零到二阶偏导的绝对值均被 $G(t, S+c, \theta)$ 控制；

A5 矩阵 $B = \sum\limits_{i=1}^{N} E[\frac{\partial \rho_{i1}^T(\gamma_0)}{\partial \gamma} w_i \frac{\partial \rho_{i1}(\gamma_0)}{\partial \gamma^T}]$ 是非奇的。

A4 和A5 是很常见的正则条件，在可靠性的试验及模型中基本都能满足。这些条件对证明最小距离估计的渐近正态性是充分的。A4 确保了 $Q_m(\gamma)$ 一阶偏导数允许泰勒展开，$Q_m(\gamma)$ 的二阶偏导数一致收敛，A5 说明 $Q_m(\gamma)$ 的二阶偏导数有一个非奇的极限矩阵。A4 这个条件，在加速退化试验中是很容易满足的，因为时间 t 可以看成一个有界量，故对时间积分有界是满足的。

下面研究 $\widehat{\gamma}_m$ 的渐近性质。为了证明的简便，记

$$q_i(\gamma) = \sum_{j=1}^{m} \rho_{ij}^T(\gamma) w_i \rho_{ij}(\gamma)$$

$$H_i(\gamma) = E[\rho_{i1}^T(\gamma) w_i \rho_{i1}(\gamma)]$$

$$Q(\gamma) = \sum_{i=1}^{N} H_i(\gamma)$$

定理 3.1 当 $m \to \infty$ 时，$\widehat{\gamma}_m$ 的最小距离估计有如下性质：

(1)在条件 A1～A3 下，$\widehat{\gamma}_m \xrightarrow{a.s.} \gamma_0$；

(2)在条件 A1～A5 下，有

$$\sqrt{m}(\widehat{\gamma}_m - \gamma_0) \xrightarrow{L} N(0, B^{-1}CB^{-1})$$

其中

$$C = \sum_{i=1}^{N} E[\frac{\partial \rho_{i1}^T(\gamma_0)}{\partial \gamma} w_i \rho_{i1}(\gamma_0) \rho_{i1}^T(\gamma_0) w_i \frac{\partial \rho_{i1}(\gamma_0)}{\partial \gamma^T}] \qquad (3.4)$$

$$B = \sum_{i=1}^{N} E[\frac{\partial \rho_{i1}^T(\gamma_0)}{\partial \gamma} w_i \frac{\partial \rho_{i1}(\gamma_0)}{\partial \gamma^T}] \qquad (3.5)$$

并且依概率1，有

$$B = \lim_{m \to \infty} \frac{1}{m} \sum_{i=1}^{N} \sum_{j=1}^{m} [\frac{\partial \rho_{ij}^T(\widehat{\gamma}_m)}{\partial \gamma} w_i \frac{\partial \rho_{ij}(\widehat{\gamma}_m)}{\partial \gamma^T}]$$

$$\begin{aligned} C &= \sum_{i=1}^{N} C_i = \lim_{m \to \infty} \frac{1}{m} \sum_{i=1}^{N} \sum_{j=1}^{m} [\frac{\partial \rho_{ij}^T(\widehat{\gamma}_m)}{\partial \gamma} w_i \rho_{ij}(\widehat{\gamma}_m) \rho_{ij}^T(\widehat{\gamma}_m) w_i \frac{\partial \rho_{ij}(\widehat{\gamma}_m)}{\partial \gamma^T}] \\ &= \lim_{m \to \infty} \frac{1}{m} \sum_{i=1}^{N} [\sum_{j=1}^{m} \frac{\partial \rho_{ij}^T(\widehat{\gamma}_m)}{\partial \gamma} w_i \rho_{ij}(\widehat{\gamma}_m)][\sum_{j=1}^{m} \rho_{ij}^T(\widehat{\gamma}_m) w_i \frac{\partial \rho_{ij}(\widehat{\gamma}_m)}{\partial \gamma^T}] \end{aligned}$$

在计算 $\widehat{\gamma}_m$ 时要考虑权矩阵 w 的选择问题。w 的选择方法、步骤及理论依据与第2章中第2.2节类似，此处不重复说明。

3.3　基于模拟的估计

在第 3.2 节中，$\mu_{ijk}(\gamma) = \int_{-\infty}^{\infty} g(t_{ijk}, S_i + c, \theta) f_e(c) dc$, $D_{ijkk'}(\gamma)$ 也是类似的积分形式，而大多数加速退化模型中函数 $g(\cdot)$ 形式比较复杂，积分结果不容易或不可能求出来，所以根据 $f_e(c)$ 已知，可采用蒙特卡洛积分。

从 $f_e(c)$ 中抽取n个独立同分布样本 $X_1, \cdots, X_n$ ，令

$$\mu_{ijk}(\gamma) = \frac{1}{n} \sum_{l=1}^{n} g(t_{ijk}, S_i + X_l, \theta)$$

$D_{ijkk'}(\gamma) = \frac{1}{n} \sum_{l=1}^{n} g(t_{ijk}, S_i + X_l, \theta) g(t_{ijk'}, S_i + X_l, \theta) + \sigma^2 h(t_{ijk}, t_{ijk'}, \beta)$
代入第3.2节中的 $Q_m(\gamma)$ 去估计参数。

3.4　模拟研究

为了说明本章提出估计方法的优良性，在本节中我们通过数值模拟对最小距离估计、两步最小距离估计和最小二乘法得到的参数估计量以及它们的均方误差进行了比较。

由于退化指标 y_{ijk} 既可以是原始退化量，也可以是原始退化量的各种变换，本节模拟中退化指标选取退化量的对数变换。这里，我们采用指数律关系，即 $\beta(S) = \beta' \exp(S)$，并且考虑试验应力带有随机误差和每个样品的观测数据间的相关性，由如下模型产生数据

$$\log y_{ijk} = 2 + 4t_{ijk} \cdot \exp(S_i + e_{ij}) + \varepsilon_{ijk}$$
$$i = 1, 2, 3, 4, \qquad j = 1, 2, \cdots, 25, \qquad k = 1, 2, \cdots, 5$$
$$S = (S_1, S_2, S_3, S_4) = (0.71, 0.79, 0.88, 0.97)$$
$$t_{ijk} \overset{i.i.d.}{\sim} \frac{1}{80} I_{\{1, 2, \cdots, 80\}}$$
$$e_{ij} \overset{i.i.d.}{\sim} N(0, 0.02^2)$$
$$E(\varepsilon_{ijk}) = 0$$
$$E(\varepsilon_{ijk} \varepsilon_{ijk'}) = 0.01 \exp(-0.01 \times |t_{ijk} - t_{ijk'}|)$$

在此处模拟中，本节计算了用单位权矩阵得到的 MDE1 和用两步估计权矩阵得到的 MDE2。对比于经典最小二乘估计(LSE)，有

$$\widehat{\theta} = \arg\min_{\theta\in\Theta} \sum_{i=1}^{N}\sum_{j=1}^{m}\sum_{k=1}^{T}(\log y_{ijk} - g(t_{ijk}, S_i, \theta))^2$$

进一步对比用了分布信息的最小二乘估计(DLSE)

$$\widetilde{\theta} = \arg\min_{\theta\in\Theta} \sum_{i=1}^{N}\sum_{j=1}^{m}\sum_{k=1}^{T}(\log y_{ijk} - \int_{-\infty}^{\infty} g(t_{ijk}, S_i + c, \theta)f_e(c)dc)^2$$

计算蒙特卡洛均值，模拟标准差和均方误差根。模拟重复次数为 1 000，模拟结果在表3.1中给出。

表 3.1 重复 1 000次的模拟结果 $\theta = (a, b, \sigma^2, \beta)$

真值		$a = 2$	$b = 4$	$\sigma^2 = 0.01$	$\beta = 0.01$
估计值	LSE	2.120 4	4.000 7	77.316 5	
	DLSE	2.120 4	3.999 9	77.316 5	
	MDE1	2.143 7	3.998 9	0.009 8	0.009 9
	MDE2	1.992 0	3.998 7	0.009 7	0.010 0
SSE	LSE	1.042 1	0.010 3	18.095 0	
	DLSE	1.042 1	0.010 3	18.095 0	
	MDE1	1.423 6	0.018 4	0.000 1	0.000 3
	MDE2	0.256 7	0.009 8	0.000 0	0.000 0
RMSE	LSE	1.049 1	0.010 3	79.396 0	
	DLSE	1.049 1	0.010 3	79.396 0	
	MDE1	1.430 8	0.018 4	0.000 2	0.000 3
	MDE2	0.256 9	0.009 9	0.000 2	0.000 0

表3.1的结果说明，LSE 和 DLSE 对 σ^2 的估计显示出了明显的偏差，并且无法对 β 做出估计。对比于非线性最小二乘估计，应力误差的分布信息对估计值的 SSE 和 RMSE 没有影响。但是用单位权矩阵所做估计 MDE1 均方误差较大，而两步估计 MDE2 的估计相对来说是四种方法中最好的。

假定失效水平为 1 500，在正常应力 0.5 的条件下，用 MDE2 的方法估计产品的退化轨道为

$$y = 1.992 + 6.592\ 7t$$

t 时刻产品的可靠度函数为

$$R(t) = P(L > t) = \Phi(15\ 209.97 - 66.94t)$$

该产品的平均寿命 $\widehat{E(L)} = 227.22$。其 90 % 可靠寿命 $\widehat{t_{0.1}} = 227.20$，$t_{0.1}$ 的近似 95% 置信下限为 227.19。

在接下来的模拟中，本节考虑阿伦尼斯比例关系模型 $\beta(S) = \beta' \exp(-\gamma/S)$。由于 $\mu_{ijk}(\gamma)$ 和 $D_{ijkk'}(\gamma)$ 在阿伦尼斯模型中很难获得，所以在这一部分采用基于模拟的估计来进行模拟分析。同样，也考虑应力带有误差，数据来自如下模型

$$\log y_{ijk} = 2 + 12t_{ijk} \cdot \exp[-0.1/(S_i + e_{ij})] + \varepsilon_{ijk}$$
$$i = 1,\ 2,\ 3,\ 4 \qquad j = 1,\ 2,\ \cdots,\ 25 \qquad k = 1,\ 2,\ 3,\ 4$$
$$S = (S_1,\ S_2,\ S_3,\ S_4) = (0.71,\ 0.79,\ 0.88,\ 0.97)$$
$$t_{ijk} \overset{i.i.d}{\sim} \frac{1}{80} I_{\{1,\ 2,\ \cdots,\ 80\}}$$
$$e_{ij} \overset{i.i.d}{\sim} N(0, 0.02^2)$$
$$E(\varepsilon_{ijk}) = 0$$
$$E(\varepsilon_{ijk}\varepsilon_{ijk'}) = 0.01 \exp(-0.01 \times |t_{ijk} - t_{ijk'}|)$$

本次模拟类似上个模拟，计算了 LSE、MDE1 和 MDE2，以及这些估计的 SSE 和 RMSE。模拟结果如表 3.2 所示。

由表 3.1可以看出 DLSE 与 LSE 的模拟表现差不多，所以在此处就忽略了 DLSE，只比较 LSE、MDE1 与 MDE2。表 3.2 的结果说明，LSE 的偏差和 SSE、RMSE 都相对比较大。MDE1和 MDE2 的模拟结果差不多。

如果假定产品退化值低于 2 000 就认为失效，则在正常应力 0.5 下，利用 MDE2 的估计结果，得产品的退化轨道为

$$y = 1.99 + 9.828\ 4t$$

t 时刻的可靠度函数为

$$R(t) = P(L > t) = \Phi(20\ 181.92 - 99.28t)$$

表 3.2　重复1 000次的模拟结果 $\theta = (a, b, \gamma, \sigma^2, \beta)$

真值		$a = 2$	$b = 12$	$\gamma = 0.1$	$\sigma^2 = 0.01$	$\beta = 0.01$
	LSE	2.015 8	11.992 9	0.099 7	2.266 9	
估计值	MDE1	1.989 9	11.990 0	0.099 5	0.009 8	0.010 3
	MDE2	1.990 0	11.990 0	0.099 4	0.009 8	0.009 8
	LSE	0.111 3	0.032 8	0.002 3	0.290 5	
SSE	MDE1	0.000 5	0.000 0	0.000 5	0.000 2	0.001 1
	MDE2	0.000 0	0.000 0	0.000 0	0.000 0	0.000 0
	LSE	0.112 4	0.033 6	0.002 3	2.275 5	
RMSE	MDE1	0.010 1	0.010 0	0.000 7	0.000 3	0.001 1
	MDE2	0.010 0	0.010 0	0.000 6	0.000 2	0.000 1

产品的平均寿命 $\widehat{E(L)} = 203.29$。90 % 可靠寿命 $\widehat{t_{0.10}} = 203.28$，$t_{0.1}$ 的 95% 置信下限是 203.27。

3.5　定理的证明

定理 3.1 的证明过程如下。

$\forall i,\ i = 1,\ 2,\ \cdots,\ N.$

$$
\begin{aligned}
&\|\rho_{i1}(\gamma)\|^2 \\
=\ & \sum_{k=1}^{T}(y_{i1k} - \mu_{i1k}(\gamma))^2 + \sum_{k \leqslant k'}(y_{i1k}y_{i1k'} - D_{i1kk'}(\gamma))^2 \\
\leqslant\ & 2\sum_{k=1}^{T}y_{i1k}^2 + 2\sum_{k=1}^{T}\mu_{i1k}^2(\gamma) + 2\sum_{k \leqslant k'}y_{i1k}^2 y_{i1k'}^2 + 2\sum_{k \leqslant k'}D_{i1kk'}^2(\gamma) \\
=\ & 2\sum_{k=1}^{T}y_{i1k}^2 + 2\sum_{k=1}^{T}(\int_{-\infty}^{\infty}g(t_{i1k}, S_i + c, \theta)f_e(c)dc)^2 + 2\sum_{k \leqslant k'}y_{i1k}^2 y_{i1k'}^2 + \\
& 2\sum_{k \leqslant k'}(\int_{-\infty}^{\infty}g(t_{i1k}, S_i + c, \theta)g(t_{i1k'}, S_i + c, \theta)f_e(c)dc + \sigma^2 h(t_{i1k}, t_{i1k'}, \beta))^2
\end{aligned}
$$

$$\leqslant \quad 2\sum_{k=1}^{T} y_{i1k}^2 + 2\sum_{k=1}^{T} \int_{-\infty}^{\infty} g^2(t_{i1k}, S_i + c, \theta) f_e(c)dc + 2\sum_{k \leqslant k'} y_{i1k}^2 y_{i1k'}^2 +$$

$$4\sum_{k \leqslant k'} \int_{-\infty}^{\infty} g^2(t_{i1k}, S_i + c, \theta) g^2(t_{i1k'}, S_i + c, \theta) f_e(c)dc +$$

$$4\sigma^4 \sum_{k \leqslant k'} h^2(t_{i1k}, t_{i1k'}, \beta)$$

由瑞利－里兹公式以及假定 A1 和 A2，有

$$E\sup_{\Gamma} \rho_{i1}^T(\gamma) w_i \rho_{i1}(\gamma) \leqslant E\|w_i\| \sup_{\Gamma} \|\rho_{i1}(\gamma)\|^2$$

$$\leqslant \quad 2\sum_{k=1}^{T} E\|w_i\|y_{i1k}^2 + 2\sum_{k=1}^{T} E\|w_i\| \int_{-\infty}^{\infty} \sup_{\Theta} g^2(t_{i1k}, S_i + c, \theta) f_e(c)dc +$$

$$2\sum_{k \leqslant k'} E\|w_i\|y_{i1k}^2 y_{i1k'}^2 + 4\sum_{k \leqslant k'} \{E\|w_i\| \int_{-\infty}^{\infty} \sup_{\Theta} g^4(t_{i1k}, S_i + c, \theta) f_e(c)dc\}^{\frac{1}{2}}$$

$$\times \{E\|w_i\| \int_{-\infty}^{\infty} \sup_{\Theta} g^4(t_{i1k'}, S_i + c, \theta) f_e(c)dc\}^{\frac{1}{2}} +$$

$$4\sum_{k \leqslant k'} E\|w_i\| \sup_{\Gamma} \sigma^4 h^2(t_{i1k}, t_{i1k'}, \beta)$$

$$< \quad \infty$$

则由引理2.1，对$\forall \gamma \in \Gamma$，$\frac{1}{m} q_i(\gamma)$ 几乎处处收敛到$H_i(\gamma)$。故由斯拉斯基定理，有$\frac{1}{m} Q_m(\gamma)$几乎处处收敛到$Q(\gamma)$。

由于

$$H_i(\gamma) = H_i(\gamma_0) + E[(\rho_{i1}(\gamma) - \rho_{i1}^T(\gamma_0))^T w_i (\rho_{i1}(\gamma) - \rho_{i1}(\gamma_0))]$$

且

$$Q(\gamma) = Q(\gamma_0) + \sum_{i=1}^{N} E[(\rho_{i1}(\gamma) - \rho_{i1}(\gamma_0))^T w_i (\rho_{i1}(\gamma) - \rho_{i1}(\gamma_0))]$$

所以$Q(\gamma) \geqslant Q(\gamma_0)$。其中

$$E[\rho_{i1}^T(\gamma_0) w_i (\rho_{i1}(\gamma) - \rho_{i1}(\gamma_0))] = E[E(\rho_{i1}^T(\gamma_0)|t_{i1}^T) w_i (\rho_{i1}(\gamma) - \rho_{i1}(\gamma_0))] = 0$$

由假定 A3，等号成立当且仅当$\gamma = \gamma_0$，再由引理2.2，有

$$\widehat{\gamma}_m \xrightarrow{a.s.} \gamma_0$$

下面是渐近正态性的证明。

由假定 A4，因为

$$\frac{\partial Q_m(\widehat{\gamma}_m)}{\partial \gamma} = 0$$

所以在 γ_0 的一个邻域 $\Gamma_0 \subset \Gamma$，一阶偏导 $\frac{\partial Q_m(\gamma)}{\partial \gamma}$ 存在且有一阶泰勒展开。又由于 $\widehat{\gamma}_m \xrightarrow{a.s.} \gamma_0$，则对充分大的 m，有

$$0 = \frac{\partial Q_m(\gamma_0)}{\partial \gamma} + \frac{\partial^2 Q_m(\widetilde{\gamma}_m)}{\partial \gamma \partial \gamma^T}(\widehat{\gamma}_m - \gamma_0) \tag{3.6}$$

其中

$$\|\widetilde{\gamma}_m - \gamma_0\| \leqslant \|\widehat{\gamma}_m - \gamma_0\|$$

$Q_m(\gamma)$ 的一阶偏导数为

$$\frac{\partial Q_m(\gamma)}{\partial \gamma} = 2 \sum_{i=1}^{N} \sum_{j=1}^{m} \frac{\partial \rho_{ij}^T(\gamma)}{\partial \gamma} w_i \rho_{ij}(\gamma)$$

其中

$$\frac{\partial \rho_{ij}^T(\gamma)}{\partial \gamma} = -\left(\frac{\partial u_{ijk}(\gamma)}{\partial \gamma}, \ 1 \leqslant k \leqslant T, \ \frac{\partial D_{ijkk'}(\gamma)}{\partial \gamma}, \ 1 \leqslant k \leqslant k' \leqslant T\right)$$

根据假定 A4 和 $\frac{\partial \rho_{ij}^T(\gamma)}{\partial \gamma} w_i \rho_{ij}(\gamma)$ 是独立同分布的，由中心极限定理有

$$\frac{1}{\sqrt{m}} \sum_{j=1}^{m} \frac{\partial \rho_{ij}^T(\gamma_0)}{\partial \gamma} w_i \rho_{ij}(\gamma_0) \xrightarrow{L} N(0, C_i)$$

$$C_i = E\left[\frac{\partial \rho_{i1}^T(\gamma_0)}{\partial \gamma} w_i \rho_{i1}(\gamma_0) \rho_{i1}^T(\gamma_0) w_i \frac{\partial \rho_{i1}(\gamma_0)}{\partial \gamma^T}\right]$$

进一步，有

$$\frac{1}{\sqrt{m}} \sum_{i=1}^{N} \sum_{j=1}^{m} \frac{\partial \rho_{ij}^T(\gamma_0)}{\partial \gamma} w_i \rho_{ij}(\gamma_0) \xrightarrow{L} N(0, \sum_{i=1}^{N} C_i)$$

$$\frac{1}{2} \frac{1}{\sqrt{m}} \frac{\partial Q_m(\gamma_0)}{\partial \gamma} \xrightarrow{L} N(0, \sum_{i=1}^{N} C_i) \tag{3.7}$$

$Q_m(\gamma)$ 的二阶偏导数为

$$\frac{\partial^2 Q_m(\gamma)}{\partial \gamma \partial \gamma^T} = 2 \sum_{i=1}^{N} \sum_{j=1}^{m} \left[\frac{\partial \rho_{ij}^T(\gamma)}{\partial \gamma} w_i \frac{\partial \rho_{ij}(\gamma)}{\partial \gamma^T} + \rho_{ij}^T(\gamma) w_i \otimes I_{p+1+q} \frac{\partial \text{Vec}(\frac{\partial \rho_{ij}^T(\gamma)}{\partial \gamma})}{\partial \gamma^T}\right]$$

$$\frac{\partial \text{Vec}(\frac{\partial \rho_{ij}^T(\gamma)}{\partial \gamma})}{\partial \gamma^T} = -(\frac{\partial^2 u_{ijk}(\gamma)}{\partial \gamma \partial \gamma^T}, \ 1 \leqslant k \leqslant T, \ \frac{\partial^2 D_{ijkk'}(\gamma)}{\partial \gamma \partial \gamma^T}, \ 1 \leqslant k \leqslant k' \leqslant T)^T$$

再一次运用假定 A4，$\frac{\partial^2 u_{ijk}(\gamma)}{\partial \gamma \partial \gamma^T}$ 中的非零元是

$$\frac{\partial^2 u_{ijk}(\gamma)}{\partial \theta \partial \theta^T} = \int_{-\infty}^{\infty} \frac{\partial^2 g(t_{ijk}, S_i + c, \theta)}{\partial \theta \partial \theta^T} f_e(c) dc$$

$\frac{\partial^2 D_{ijkk'}(\gamma)}{\partial \gamma \partial \gamma^T}$ 中的非零元是

$$
\begin{aligned}
\frac{\partial^2 D_{ijkk'}(\gamma)}{\partial \theta \partial \theta^T} &= \int_{-\infty}^{\infty} \frac{\partial^2 g(t_{ijk}, S_i + c, \theta)}{\partial \theta \partial \theta^T} g(t_{ijk'}, S_i + c, \theta) f_e(c) dc \\
&+ \int_{-\infty}^{\infty} g(t_{ijk}, S_i + c, \theta) \frac{\partial^2 g(t_{ijk'}, S_i + c, \theta)}{\partial \theta \partial \theta^T} f_e(c) dc \\
&+ 2 \int_{-\infty}^{\infty} \frac{\partial g(t_{ijk}, S_i + c, \theta)}{\partial \theta} \frac{\partial g(t_{ijk'}, S_i + c, \theta)}{\partial \theta^T} f_e(c) dc
\end{aligned}
$$

和

$$\frac{\partial^2 D_{ijkk'}(\gamma)}{\partial \beta \partial \beta^T} = \sigma^2 \frac{\partial^2 h(t_{ijk}, t_{ijk'}, \beta)}{\partial \beta \partial \beta^T}$$

所以，由引理 2.1 以及引理 2.3，对 $\forall \gamma \in \Gamma_0$，有

$$
\begin{aligned}
& \frac{1}{m} \frac{\partial^2 Q_m(\widetilde{\gamma}_m)}{\partial \gamma \partial \gamma^T} \\
=\ & \sum_{i=1}^{N} \frac{2}{m} \sum_{j=1}^{m} \frac{\partial^2 (\rho_{ij}^T(\widetilde{\gamma}_m) w_i \rho_{ij}(\widetilde{\gamma}_m))}{\partial \gamma \partial \gamma^T} \\
\xrightarrow{a.s.}\ & 2 \sum_{i=1}^{N} E\big[\frac{\partial \rho_{i1}^T(\gamma_0)}{\partial \gamma} w_i \frac{\partial \rho_{i1}(\gamma_0)}{\partial \gamma^T} + \rho_{i1}^T(\gamma_0) w_i \otimes I_{p+1+q} \frac{\partial \text{Vec}(\frac{\partial \rho_{i1}^T(\gamma_0)}{\partial \gamma})}{\partial \gamma^T}\big] \\
=\ & 2B
\end{aligned}
$$

即

$$\frac{1}{2m} \frac{\partial^2 Q_m(\widetilde{\gamma}_m)}{\partial \gamma \partial \gamma^T} \xrightarrow{a.s.} B \tag{3.8}$$

其中第二项为 0 是因为对 $\forall i$，有

$$E[\rho_{i1}^T(\gamma_0)w_i \otimes I_{p+1+q}\frac{\partial \text{Vec}(\frac{\partial \rho_{i1}^T(\gamma_0)}{\partial \gamma})}{\partial \gamma^T}]$$

$$= E[E(\rho_{i1}^T(\gamma_0)|t_{i1}, t_{i2})w_i \otimes I_{p+1+q}\frac{\partial \text{Vec}(\frac{\partial \rho_{i1}^T(\gamma_0)}{\partial \gamma})}{\partial \gamma^T}]$$

$$= 0$$

$\otimes$ 为克罗内克乘积。

综合式3.6~式3.8，有

$$\sqrt{m}(\hat{\gamma}_m - \gamma_0) = -(\frac{1}{2\sqrt{m}}\frac{\partial Q_m(\gamma_0)}{\partial \gamma})/(\frac{1}{2m}\frac{\partial^2 Q_m(\tilde{\gamma}_m)}{\partial \gamma \partial \gamma^T}) \xrightarrow{L} N(0, B^{-1}CB^{-1})$$

即渐近正态性成立。

证毕。

3.6 结束语

目前关于加速退化试验的研究都忽略了试验应力带有随机误差的情况，并且大部分退化试验都是在假设来自同一样品的退化数据独立的条件下研究的。但是，在工程实践中，许多试验样品受到的应力是带有随机误差的，并且通过观测样品得到的退化数据之间可能具有相关性。这时若忽略上述两种情况对产品的可靠性进行评估，将会造成产品可靠性的统计推断精度较差。

针对试验应力带有误差和同一样品的退化数据间具有相关性的实际情况，本章对纵向数据下恒定应力带有误差的加速退化试验进行了统计分析，给出了模型中参数的估计方法，并且在适当的条件下证明了所得估计量的强相合性和渐近正态性。最后，通过数值模拟对所提出的估计方法与忽略应力误差和退化数据相关性的传统估计方法进行了比较。从表 3.1 和表 3.2 可以看出，如果不考虑应力误差或者数据间的相关性，个别参数估计将会出现严重的偏差，从而影响估计产品的寿命等可靠性指标。模拟结果表明，本章的方法具有更小的偏差和更高的精度。

本章完善了应力有误差的加速退化试验分析，对样品可重复测量即纵向数据的情况，用方法和理论进行统计分析。但是本书中假定误差 ε_{ij} 的协方差结

构形式已知，这在实践中有时难以得到。在这种情况下，可以单独对协方差结构进行建模，然后再利用本书的方法进行分析。

4 多元超结构Berkson测量误差模型的分析

在第2章与第3章中，研究了一类结构比较简单的 Berkson 测量误差模型在工业上的应用。由于在加速退化试验中，应力一般带有误差，所以在第2章进行了基于独立数据下的应力带有误差的加速退化试验分析，第3章进行了基于纵向数据下的应力带有误差的加速退化试验分析，并且根据前面内容分析可知，应力的误差属于 Berkson 测量误差。本章研究一类结构比较复杂的 Berkson 测量误差模型，即多元超结构 Berkson 测量误差模型的分析。

Berkson 测量误差模型在医药、农业、经济、工业等方面有广泛的应用。例如，流行病学家研究一种肺病 Y 与某些空气污染物 X 的关系，X 可以在城市中的某些污染物观测站测量，但居民受到的实际污染量 x 是不可观测的；又如，X 是额定除草剂的数量，但植物实际吸收量 x 是不可观测的。上面的例子说明不可观测的 x 可以用 X 加上一个与 X 独立的随机误差来代替。在肺病研究的例子中，不同的观测站由于地理位置及周边环境不同，其测量值X可以看成来自不同期望分布的随机变量，此时就生成一个超结构 Berkson 测量误差模型。

本章将研究一类多元超结构 Berkson 测量误差模型，给出了该模型中参数的相合估计，推导了估计的渐近分布，并把该方法应用到一元超结构 Berkson 测量误差模型中。第 4.1 节是模型简介。第 4.2 节是本章的主要结果，给出了参数的相合估计及参数估计的联合渐近分布。第 4.3 节把该方法应用到了一元超结构 Berkson 测量误差模型中，并分析了一个实际例子。第 4.4 节是模拟研究，模拟结果表明，忽略模型的超结构特征会影响参数的区间估计。

4.1 模型介绍

本章考虑多元超结构 Berkson 测量误差模型：

$$\begin{cases} Y_i = a + Bx_i + e_i \\ X_i = x_i + \mathbf{u}_i \end{cases} \quad i = 1, \cdots, n \tag{4.1}$$

式中，$\mathbf{x}_i$ 是 $p_2 \times 1$ 的真实协变量向量；$\mathbf{a}$ 是 $p_1 \times 1$ 的截距参数向量；$\mathbf{B}$ 是 $p_1 \times p_2$ 的斜率参数矩阵；$\mathbf{X}_i$ 和 $\mathbf{Y}_i$ 是协变量和响应变量带有误差的观测值；其测量误差分别为 $\mathbf{e}_i$ 和 $\mathbf{u}_i$。

假设向量 $\mathbf{r}_i = (\mathbf{e}_i^T, \mathbf{u}_i^T, (\mathbf{X}_i - \boldsymbol{\xi}_i)^T)^T$, $i = 1, 2, \cdots, n$, 独立同对称分布(比如正态分布)，且 $\mathbf{X}_i, \mathbf{e}_i, \mathbf{u}_i$ 相互独立，有

$$E(\mathbf{X}_i) = \boldsymbol{\xi}_i \qquad E(\mathbf{e}_i) = \mathbf{0}$$

$$E(\mathbf{u}_i) = \mathbf{0} \qquad \text{Cov}(\mathbf{X}_i - \boldsymbol{\xi}_i) = \boldsymbol{\Sigma}_{\mathbf{X}}$$

$$\text{Cov}(\mathbf{e}_i) = \boldsymbol{\Sigma}_{\mathbf{e}} \qquad \text{Cov}(\mathbf{u}_i) = \boldsymbol{\Sigma}_{\mathbf{u}}$$

记 $\mathbf{Z}_i = (\mathbf{Y}_i^T, \mathbf{X}_i^T)^T$, $i = 1, \cdots, n$, 则有

$$E(\mathbf{Z}_i) = \boldsymbol{\mu}_i = \begin{pmatrix} \mathbf{a} + \mathbf{B}\boldsymbol{\xi}_i \\ \boldsymbol{\xi}_i \end{pmatrix}$$

$$\text{Cov}(\mathbf{Z}_i) = \boldsymbol{\Sigma} = \begin{pmatrix} \mathbf{B}\boldsymbol{\Gamma}_{\mathbf{X}+\mathbf{u}}\mathbf{B}^T + \boldsymbol{\Sigma}_{\mathbf{e}} & \mathbf{B}\boldsymbol{\Sigma}_{\mathbf{X}} \\ \boldsymbol{\Sigma}_{\mathbf{X}}\mathbf{B}^T & \boldsymbol{\Sigma}_{\mathbf{X}} \end{pmatrix} \tag{4.2}$$

其中，$\boldsymbol{\Gamma}_{\mathbf{a}+\mathbf{b}} = \boldsymbol{\Sigma}_{\mathbf{a}} + \boldsymbol{\Sigma}_{\mathbf{b}}$。

若 $\boldsymbol{\Sigma}_{\mathbf{X}} = \mathbf{0}$（$\mathbf{0}$ 是相应维数的零矩阵），则模型4.1退化为函数型 Berkson 测量误差模型；若 $\boldsymbol{\xi}_1 = \cdots = \boldsymbol{\xi}_n = \boldsymbol{\xi}$，则模型变为典型的多元结构型 Berkson 测量误差模型；若假设 $\mathbf{x}_i$ 与 $\mathbf{u}_i$ 相互独立，而不是 $\mathbf{X}_i$ 与 $\mathbf{u}_i$ 相互独立，则模型4.1变为超结构 EV 模型。

本章讨论超结构 Berkson 测量误差模型4.1。为了模型4.1的可识别性，假定 $\boldsymbol{\Sigma}_{\mathbf{u}}$ 已知。在导出本章的主要结果之前，我们做如下假定：

A1 存在一个 $p_2 \times 1$ 的向量 $\boldsymbol{\xi}$ 和一个满足 $\boldsymbol{\Sigma}_{\mathbf{X}} + \boldsymbol{\Sigma}_{\boldsymbol{\xi}}$ 为正定的 $p_2 \times p_2$ 的矩阵 $\boldsymbol{\Sigma}_{\boldsymbol{\xi}}$，使得当 n 趋于无穷时，有

$$\overline{\boldsymbol{\xi}} \longrightarrow \boldsymbol{\xi} \qquad \mathbf{S}_{\boldsymbol{\xi}} \longrightarrow \boldsymbol{\Sigma}_{\boldsymbol{\xi}}$$

其中

$$\overline{\boldsymbol{\xi}} = \frac{1}{n}\sum_{i=1}^{n}\boldsymbol{\xi}_i \qquad \mathbf{S}_{\boldsymbol{\xi}} = \frac{1}{n}\sum_{i=1}^{n}(\boldsymbol{\xi}_i - \overline{\boldsymbol{\xi}})(\boldsymbol{\xi}_i - \overline{\boldsymbol{\xi}})^T$$

A2 $\mathrm{Cov}[\mathrm{Vech}(\mathbf{r}_1\mathbf{r}_1^T)] < \infty$

这里，$\mathrm{Vech}(\mathbf{C})$ 为对称矩阵 $\mathbf{C}_{p\times p}$ 的上三角元素按列拉直所得的 $[p(p+1)/2]\times 1$ 的向量。曼克奈斯(Magnus)[①]证明了总存在唯一的列满秩矩阵 D，使得 $\mathrm{Vec}(\mathbf{C}) = \mathbf{D}\cdot\mathrm{Vech}(\mathbf{C})$ 或者 $\mathrm{Vech}(\mathbf{C}) = \mathbf{D}^+\cdot\mathrm{Vec}(\mathbf{D})$，其中，$\mathbf{D}^+ = (\mathbf{D}^T\mathbf{D})^{-1}\mathbf{D}^T$ 是 $\mathbf{D}$ 的摩尔－彭若斯(Moore-Penrose) 广义逆，并且 $\mathbf{D}$ 与 $\mathbf{C}$ 的维数有关而与其元素无关。

4.2   主要结果

记观测向量 $\mathbf{Z}_1,\cdots,\mathbf{Z}_n$ 的样本均值和样本协方差矩阵分别为

$$\overline{\mathbf{Z}} = \begin{pmatrix}\overline{\mathbf{Y}}\\\overline{\mathbf{X}}\end{pmatrix} \qquad \mathbf{S_z} = \begin{pmatrix}\mathbf{S_Y} & \mathbf{S_{YX}}\\\mathbf{S_{XY}} & \mathbf{S_X}\end{pmatrix}$$

其中，

$$\overline{\mathbf{X}} = \frac{1}{n}\sum_{i=1}^{n}\mathbf{X}_i \qquad \overline{\mathbf{Y}} = \frac{1}{n}\sum_{i=1}^{n}\mathbf{Y}_i$$

$$\mathbf{S_X} = \frac{1}{n}\sum_{i=1}^{n}(\mathbf{X}_i - \overline{\mathbf{X}})\mathbf{X}_i^T \qquad \mathbf{S_Y} = \frac{1}{n}\sum_{i=1}^{n}(\mathbf{Y}_i - \overline{\mathbf{Y}})\mathbf{Y}_i^T$$

$$\mathbf{S_{XY}} = \frac{1}{n}\sum_{i=1}^{n}(\mathbf{X}_i - \overline{\mathbf{X}})\mathbf{Y}_i^T \qquad \mathbf{S_{YX}} = \frac{1}{n}\sum_{i=1}^{n}(\mathbf{Y}_i - \overline{\mathbf{Y}})\mathbf{X}_i^T$$

[①]Magnus J R, Neudecker H. Matrix Differential Calculus with Applications in Statistics and Econometrics[M]. New York: Wiley, 2007.

引理 4.1 记 $\boldsymbol{Z}_i = (\boldsymbol{Y}_i^T, \boldsymbol{X}_i^T)^T$, $i = 1, \cdots, n$ 是模型4.1的 n 个观测向量，则有

(1) 在 A1 的假定下，当 $n \longrightarrow \infty$ 时，有

$$\overline{\boldsymbol{Z}} = \begin{pmatrix} \overline{\mathbf{Y}} \\ \overline{\mathbf{X}} \end{pmatrix} \xrightarrow{a.s.} \boldsymbol{\mu} = \begin{pmatrix} \mathbf{a} + \mathbf{B}\boldsymbol{\xi} \\ \boldsymbol{\xi} \end{pmatrix}$$

$$\mathbf{S}_{\mathbf{Z}} = \begin{pmatrix} \mathbf{S}_{\mathbf{Y}} & \mathbf{S}_{\mathbf{YX}} \\ \mathbf{S}_{\mathbf{XY}} & \mathbf{S}_{\mathbf{X}} \end{pmatrix} \xrightarrow{a.s.} \boldsymbol{\Sigma} + \boldsymbol{\Sigma_\mu} = \begin{pmatrix} \mathbf{B}\boldsymbol{\Gamma}_{\mathbf{X+u+\xi}}\mathbf{B}^T + \boldsymbol{\Sigma}_e & \mathbf{B}\boldsymbol{\Gamma}_{\mathbf{X+\xi}} \\ \boldsymbol{\Gamma}_{\mathbf{X+\xi}}\mathbf{B}^T & \boldsymbol{\Gamma}_{\mathbf{X+\xi}} \end{pmatrix}$$

其中

$$\boldsymbol{\Sigma_\mu} = \begin{pmatrix} \mathbf{B}\boldsymbol{\Sigma_\xi}\mathbf{B}^T & \mathbf{B}\boldsymbol{\Sigma_\xi} \\ \boldsymbol{\Sigma_\xi}\mathbf{B}^T & \boldsymbol{\Sigma_\xi} \end{pmatrix}$$

(2) 在 A1∼ A2 的假定下，当 $n \longrightarrow \infty$ 时有

$$\sqrt{n}(\overline{\boldsymbol{Z}} - \boldsymbol{\mu}) \xrightarrow{L} N_p(\boldsymbol{0}, \boldsymbol{\Sigma})$$

$$\sqrt{n} \cdot \text{Vech}(\mathbf{S}_{\mathbf{Z}} - \boldsymbol{\Sigma} - \boldsymbol{\Sigma_\mu}) \xrightarrow{L} N_{p(p+1)/2}(\boldsymbol{0}, \boldsymbol{\Lambda} + \boldsymbol{\Lambda_\mu})$$

$\overline{\boldsymbol{Z}}$ 与 $\mathbf{S}_{\mathbf{Z}}$ 是渐近独立的，这里，$p = p_1 + p_2$，"$\xrightarrow{L}$"表示依分布收敛，有

$$\boldsymbol{\Lambda_r} = \text{Cov}[\text{Vec}(\mathbf{r}_1\mathbf{r}_1^T)] \qquad \boldsymbol{\Lambda} = \mathbf{D}^+(\mathbf{A} \otimes \mathbf{A})\boldsymbol{\Lambda_r}(\mathbf{A} \otimes \mathbf{A})^T\mathbf{D}^{+T}$$

$$\boldsymbol{\Lambda_\mu} = \mathbf{D}^+[(\boldsymbol{\Sigma} \otimes \boldsymbol{\Sigma_\mu}) + (\boldsymbol{\Sigma_\mu} \otimes \boldsymbol{\Sigma}) + (\boldsymbol{\Sigma} \star \boldsymbol{\Sigma_\mu}) + (\boldsymbol{\Sigma_\mu} \star \boldsymbol{\Sigma})]\mathbf{D}^{+T}$$

$$\mathbf{A} = \begin{pmatrix} \mathbf{I}_{p_1} & -\mathbf{B} & \mathbf{B} \\ \mathbf{0} & \mathbf{0} & \mathbf{I}_{p_2} \end{pmatrix}$$

定义 "$\star$" 为 $\boldsymbol{\Sigma_\mu} \star \boldsymbol{\Sigma} = [\boldsymbol{\Sigma_\mu} \otimes \boldsymbol{\Sigma}_{.1}, \cdots, \boldsymbol{\Sigma_\mu} \otimes \boldsymbol{\Sigma}_{.p}]$，$\boldsymbol{\Sigma}_{.i}$ 表示 $\boldsymbol{\Sigma}$ 的第 i 列元素构成的向量，$\mathbf{D}$ 的定义请参见 A2 后的说明。

定理 4.1 在模型4.1 下，若条件 A1 成立，则如下估计分别为 $\mathbf{a}, \mathbf{B}, \boldsymbol{\xi}$ 的相合估计：

$$\widehat{\mathbf{a}} = \overline{\mathbf{Y}} - \widehat{\mathbf{B}}\overline{\mathbf{X}}$$
$$\widehat{\mathbf{B}} = \mathbf{S}_{\mathbf{YX}}\mathbf{S}_{\mathbf{X}}^{-1}$$
$$\widehat{\boldsymbol{\xi}} = \overline{\mathbf{X}}$$

由于上述参数估计是样本均值 $\overline{\mathbf{Z}}$ 和协方差矩阵 $\mathbf{S_Z}$ 的连续函数，则由引理4.1(1) 可知，它们都是相合估计。

$\widehat{\mathbf{a}}$，$\widehat{\mathbf{B}}$ 和 $\widehat{\boldsymbol{\xi}}$ 也是在典型的多元结构型 Berkson 测量误差模型下参数 $\mathbf{a}, \mathbf{B}, \boldsymbol{\xi}$ 的一个相合估计。但它们的渐近方差在这两个不同的模型假设下是不等的。

定理 4.2 在模型4.1下，如果假定 A1 和 A2 都成立，则

$$\begin{pmatrix} \sqrt{n}(\widehat{\mathbf{a}} - \mathbf{a}) \\ \sqrt{n} \cdot Vec(\widehat{\mathbf{B}} - \mathbf{B}) \end{pmatrix} \xrightarrow{L} N_{p_1 + p_1 p_2} \left(\begin{pmatrix} \mathbf{0} \\ \mathbf{0} \end{pmatrix} \quad \begin{pmatrix} \Phi_{\mathbf{a}} & \Phi_{\mathbf{aB}} \\ \Phi_{\mathbf{Ba}} & \Phi_{\mathbf{B}} \end{pmatrix} \right) \tag{4.3}$$

这里

$$\Phi_{\mathbf{a}} = \boldsymbol{P\Sigma P}^T + (\boldsymbol{\xi}^T \otimes \mathbf{I}_{p_1})\Phi_{\mathbf{B}}(\boldsymbol{\xi} \otimes \mathbf{I}_{p_1})$$

$$\Phi_{\mathbf{aB}} = \Phi_{\mathbf{Ba}}^T = -(\boldsymbol{\xi}^T \otimes \mathbf{I}_{p_1})\Phi_{\mathbf{B}} \qquad \Phi_{\mathbf{B}} = \mathbf{QD}(\boldsymbol{\Lambda} + \boldsymbol{\Lambda_{\mu}})\mathbf{D}^T\mathbf{Q}^T$$

其中

$$\mathbf{Q} = (\boldsymbol{\Gamma}_{\mathbf{X}+\boldsymbol{\xi}}^{-1} \otimes \boldsymbol{I}_{p_1})(\mathbf{H}_2 \otimes \mathbf{H}_1) - (\boldsymbol{\Gamma}_{\mathbf{X}+\boldsymbol{\xi}}^{-1} \otimes \mathbf{B})(\mathbf{H}_2 \otimes \mathbf{H}_2)$$

$$\mathbf{H}_1 = (\mathbf{I}_{p_1}, \mathbf{0}) \qquad \mathbf{H}_2 = (\mathbf{0}, \mathbf{I}_{p_2}) \qquad \mathbf{P} = (\mathbf{I}_{p_1}, -\mathbf{B})$$

令定理4.2中的 $\boldsymbol{\xi}_1 = \boldsymbol{\xi}_2 = \cdots = \boldsymbol{\xi}_n = \boldsymbol{\xi}$，即 $\Sigma_{\boldsymbol{\xi}} = \mathbf{0}$ 且 $\boldsymbol{\Gamma}_{\mathbf{X}+\boldsymbol{\xi}} = \Sigma_{\mathbf{X}}$，$\boldsymbol{\Lambda_{\mu}} = \mathbf{0}$，便得到典型的多元结构型 Berkson 测量误差模型下该估计的渐近分布。下面我们在一元情形下给出超结构对 Berkson 模型带来的影响。

4.3 模型简单应用

考虑模型4.1中 $p_1 = p_2 = 1$ 的情形，即一元超结构 Berkson 测量误差模型

$$\begin{cases} Y_i = a + bx_i + e_i \\ X_i = x_i + u_i \end{cases} \qquad i = 1, \cdots, n \tag{4.4}$$

记 $\mathrm{Var}(X_i - \xi_i) = \sigma_X^2$，$\mathrm{Var}(e_i) = \sigma_e^2$，$\mathrm{Var}(u_i) = \sigma_u^2$。这时 A1 假设中的 $\Sigma_{\boldsymbol{\xi}}$ 也是一个未知常数，记作 σ_{ξ}^2。

由定理 4.1 和定理 4.2 得到模型参数 a 和 b 的如下估计及其渐近分布：

$$\widehat{a} = \overline{Y} - \widehat{b}\,\overline{X} \qquad \widehat{b} = \frac{S_{YX}}{S_X} \qquad \widehat{\xi} = \overline{X}$$

推论 4.1 在简化的 A1 和 A2 条件下，有

$$\begin{pmatrix} \sqrt{n}(\widehat{a}-a) \\ \sqrt{n}(\widehat{b}-b) \end{pmatrix} \xrightarrow{L} N_2 \left(\begin{pmatrix} 0 \\ 0 \end{pmatrix} \begin{pmatrix} \Phi_a & \Phi_{ab} \\ \Phi_{ba} & \Phi_b \end{pmatrix} \right)$$

其中

$$\Phi_b = \frac{b^2\sigma_u^2 + \sigma_e^2}{\sigma_X^2 + \sigma_\xi^2} \tag{4.5}$$

$$\Phi_{ab} = \Phi_{ba}^T = -\frac{\xi(b^2\sigma_u^2 + \sigma_e^2)}{\sigma_X^2 + \sigma_\xi^2} \tag{4.6}$$

$$\Phi_a = \frac{(\sigma_X^2 + \sigma_\xi^2 + \xi^2)(b^2\sigma_u^2 + \sigma_e^2)}{\sigma_X^2 + \sigma_\xi^2} \tag{4.7}$$

若忽略一元超结构 Berkson 测量误差模型中的超结构特征，即认为 $\sigma_\xi^2 = 0$，直接套用经典 Berkson 测量误差模型的渐近结果，计算的 $\widehat{b}$ 渐近方差 $\widetilde{\Phi_b}$ 偏大，这是因为经典 Berkson 测量误差模型下，有

$$\widetilde{\Phi_b} = \frac{b^2\sigma_u^2 + \sigma_e^2}{\sigma_X^2} > \frac{b^2\sigma_u^2 + \sigma_e^2}{\sigma_X^2 + \sigma_\xi^2} = \Phi_b$$

因此，在分析此类数据时，要先考查一下数据的来源，即自变量是否是独立同分布的，从而决定是否采用超结构 Berkson 测量误差模型，若是超结构模型，其超结构的特性不能忽略。

下面用 Fuller[①] 中的一个实际例子来解释这个结论。

例 4.1 假定农作物叶子中的磷含量 Y 与土壤中的磷元素 x 满足模型 4.1，其中，$(X_i, e_i, u_i)^T \sim N_3\left((\xi_i, 0, 0)^T, diag(\sigma_X^2, \sigma_e^2, 0.25)\right)$。$X$ 是土壤中磷元素的观测值。18组观测值如表4.1所示。

图4.1是18组磷元素观测值的散点图，比较直观地反映了叶子中磷元素与土壤中磷元素的关系。这是一个 Berkson 测量误差模型。由于农作物种类不同，故其所需土壤中含磷量的平均水平不一定相同，或环境因素导致土壤中含磷量平均水平不同，即每组数据中 X 的期望不一定相同。假定 ξ_i 已知（根据历史数据），分别为

$$\xi_1 = 1.2 \qquad \xi_2 = 1.2 \qquad \xi_3 = 2.0 \qquad \xi_4 = 1.2 \qquad \xi_5 = 2.4 \qquad \xi_6 = 1.6$$

---

①Fuller A W. Measurement Error Models[M]. New York: John Wiley, 1987.

表 4.1 磷元素的18组观测值

X	1.18	1.18	2.02	1.26	2.39	1.64
Y	64	60	71	61	54	77
X	3.22	3.33	3.55	3.69	3.45	4.91
Y	81	93	93	51	76	96
X	4.91	4.75	4.91	1.70	5.27	5.56
Y	77	93	95	54	68	99

$\xi_7 = 3.2$ $\xi_8 = 3.2$ $\xi_9 = 3.6$ $\xi_{10} = 3.6$ $\xi_{11} = 3.6$ $\xi_{12} = 4.8$

$\xi_{13} = 4.8$ $\xi_{14} = 4.8$ $\xi_{15} = 4.8$ $\xi_{16} = 1.6$ $\xi_{17} = 5.2$ $\xi_{18} = 5.6$

由定理 4.1 得参数的估计为

$$\widehat{a} = \overline{Y} - \widehat{b}\,\overline{X} = 53.67 \qquad \widehat{b} = \frac{S_{YX}}{S_X} = 6.74$$

由于推论4.1 Φ_a，Φ_b 中的 σ_ξ，σ_X 和 σ_e 未知，我们用它们的经验估计来代替，计算得

$$\widehat{\sigma_\xi} = \sqrt{\frac{1}{n-1}\sum_{i=1}^{n}(\xi_i - \overline{\xi})^2} = 1.53$$

$$\widehat{\sigma_X} = \sqrt{\frac{1}{n-1}\sum_{i=1}^{n}(X_i - \xi_i)^2} = 0.08$$

$$\widehat{\sigma_e} = \sqrt{\frac{1}{n-2}\sum_{i=1}^{n}(Y_i - \widehat{a} - \widehat{b}X_i)^2 - \widehat{b}^2\sigma_u^2} = 12.47$$

故参数估计 $\widehat{a}$ 和 $\widehat{b}$ 渐近标准差的估计分别为

$$\widehat{\sqrt{\Phi_a}} = 7.15 \qquad \widehat{\sqrt{\Phi_b}} = 1.99$$

从而得出参数 a 的 95% 渐近置信区间为 (41.94, 65.40)，b 的 95% 渐近置信区间为 (3.48, 10.00)。

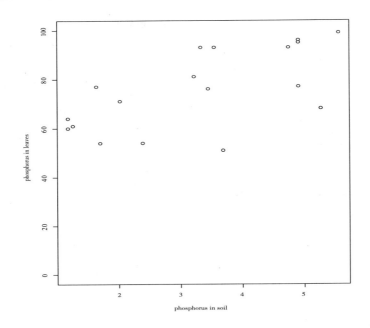

图 4.1 18组观测值的散点图

若忽视超结构特征，认为 $\sigma_\xi^2 = 0$，直接套用经典Berkson测量误差模型的渐近结果，得 $\hat{a}$ 和 $\hat{b}$ 渐近标准差的估计为

$$\sqrt{\widehat{\widetilde{\Phi_a}}} = 121.71 \qquad\qquad \sqrt{\widehat{\widetilde{\Phi_b}}} = 37.50$$

此时 b 的 95% 渐近置信区间为 $(-54.76,\ 68.24)$。由于 0 包含在该置信区间内，表明 x 对 Y 的影响不显著，这与前面的结论显然不同。

由此可以看出，在做统计推断时，忽略其超结构的特征，直接套用经典Berkson测量误差模型的渐近结果，往往会降低统计推断的精度。

4.4 模拟研究

为了说明模型4.1的结论，我们给出一个模拟的结果。假定模型为

$$\begin{cases} Y_i = 50 + 7x_i + e_i \\ X_i = x_i + u_i \end{cases} \qquad i = 1, \cdots, 100 \tag{4.8}$$

这里

$$X_i - \xi_i \overset{i.i.d.}{\sim} N(0, 0.0025) \qquad u_i \overset{i.i.d.}{\sim} N(0, 0.25) \qquad e_i \overset{i.i.d.}{\sim} N(0, 1)$$

其中

$$(\xi_{1+k\times10} \quad \xi_{2+k\times10} \quad \xi_{3+k\times10} \quad \xi_{4+k\times10} \quad \xi_{5+k\times10}) = (1.2 \quad 1.6 \quad 2.0 \quad 2.4 \quad 2.8)$$

$$(\xi_{6+k\times10} \quad \xi_{7+k\times10} \quad \xi_{8+k\times10} \quad \xi_{9+k\times10} \quad \xi_{10+k\times10}) = (3.2 \quad 3.6 \quad 4.0 \quad 4.4 \quad 4.8)$$

$$k = 0, \ 1, \ \cdots, \ 9$$

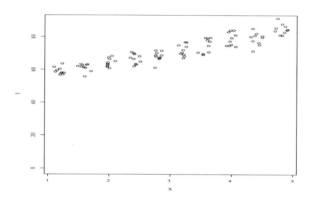

图 4.2 模型4.8 的散点图

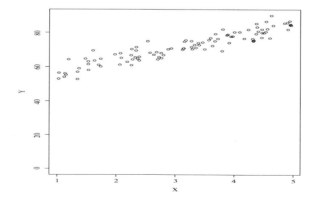

图 4.3 模型4.8 不带超结构特征的散点图

图 4.2 是模型4.8的散点图，图 4.3 是模型4.8去掉超结构特征，即$X_i \overset{i.i.d.}{\sim}$ $U(1,5)$ 得到的散点图。由图 4.2 可以看出，数据总的来说具有线性趋势，但与众不同的是，从数据一簇一簇的表现来看，观测到的自变量不是独立同分布的，这就是超结构的特征。

表 4.2 重复5 000次的模拟结果

	真值	平均值	Var	Φ	$\widetilde{\Phi}$
a	50	50.01	1.02	1.03	477.13
b	7	7.00	0.10	0.10	53.00
σ^2	1	1.01			

重复5 000次模拟，得结果如表4.2 所示，其中平均值是5 000次估计值的平均，Var 是由参数的估计值计算的样本方差，Φ 是指用真实值计算式4.5和式4.7得到的值，$\widetilde{\Phi}$ 指忽略超结构令 $\sigma_\xi^2 = 0$ 时计算式4.5和式4.7得到的值。模拟得到的各参数方差与本章在超结构下推断的相应参数估计的渐近方差很接近，但与忽略超结构直接应用 Berkson 测量误差模型下推断的渐近方差相差很大。因此，如果超结构存在，我们处理数据时不能轻易忽视。

4.5 定理的证明

4.5.1 引理4.1的证明

(1)由模型4.1的假定可知

$$E(\mathbf{r}_i) = 0 \qquad \mathrm{Cov}(\mathbf{r}_i) = \boldsymbol{\Sigma_r} = \mathrm{diag}(\boldsymbol{\Sigma_e}, \boldsymbol{\Sigma_u}, \boldsymbol{\Sigma_X})$$

且 $\boldsymbol{\epsilon}_i = \mathbf{Z}_i - \boldsymbol{\mu}_i$, $i = 1, \cdots, n$ 是独立同分布的，其均值是 $\mathbf{0}$，协方差矩阵 $\boldsymbol{\Sigma}$，其中 $\boldsymbol{\mu}_i$ 和 $\boldsymbol{\Sigma}$ 已在式4.2中给出。另外，由 A1 有当$n \longrightarrow \infty$ 时，$\overline{\boldsymbol{\xi}} \longrightarrow \boldsymbol{\xi}$, $\mathbf{S}_{\boldsymbol{\xi}} \longrightarrow \boldsymbol{\Sigma_\xi}$。因此，对于 $\overline{\boldsymbol{\mu}} = \frac{1}{n}\sum_{i=1}^n \boldsymbol{\mu}_i$ 和$\mathbf{S}_{\boldsymbol{\mu}} = \frac{1}{n}\sum_{i=1}^n (\boldsymbol{\mu}_i - \overline{\boldsymbol{\mu}})(\boldsymbol{\mu}_i - \overline{\boldsymbol{\mu}})^T$ 有

$$\overline{\boldsymbol{\mu}} \xrightarrow{a.s.} \boldsymbol{\mu} = \begin{pmatrix} \mathbf{a} + \mathbf{B}\boldsymbol{\xi} \\ \boldsymbol{\xi} \end{pmatrix} \qquad \mathbf{S}_{\boldsymbol{\mu}} \xrightarrow{a.s.} \boldsymbol{\Sigma_\mu} = \begin{pmatrix} \mathbf{B}\boldsymbol{\Sigma_\xi}\mathbf{B}^T & \mathbf{B}\boldsymbol{\Sigma_\xi} \\ \boldsymbol{\Sigma_\xi}\mathbf{B}^T & \boldsymbol{\Sigma_\xi} \end{pmatrix}$$

由于 $\boldsymbol{\epsilon}_i = \mathbf{Z}_i - \boldsymbol{\mu}_i = \mathbf{A}\mathbf{r}_i$，其中，$\mathbf{A} = \begin{pmatrix} \mathbf{I}_{p_1} & -\mathbf{B} & \mathbf{B} \\ \mathbf{0} & \mathbf{0} & \mathbf{I}_{p_2} \end{pmatrix}$，$\mathbf{I}_p$ 是 $p \times p$ 单位矩阵，故

$$\overline{\mathbf{Z}} = \overline{\boldsymbol{\epsilon}} + \overline{\boldsymbol{\mu}} = \frac{1}{n}\sum_{i=1}^{n}\mathbf{A}\mathbf{r}_i + \overline{\boldsymbol{\mu}} \xrightarrow{a.s.} \boldsymbol{\mu}$$

$$\begin{aligned} \mathbf{S_Z} &= \frac{1}{n}\sum_{i=1}^{n}(\mathbf{Z}_i - \overline{\mathbf{Z}})(\mathbf{Z}_i - \overline{\mathbf{Z}})^T \\ &= \frac{1}{n}\sum_{i=1}^{n}(\boldsymbol{\epsilon}_i + \boldsymbol{\mu}_i - \overline{\boldsymbol{\epsilon}} - \overline{\boldsymbol{\mu}})(\boldsymbol{\epsilon}_i + \boldsymbol{\mu}_i - \overline{\boldsymbol{\epsilon}} - \overline{\boldsymbol{\mu}})^T \\ &= \frac{1}{n}\sum_{i=1}^{n}(\boldsymbol{\epsilon}_i - \overline{\boldsymbol{\epsilon}})(\boldsymbol{\epsilon}_i - \overline{\boldsymbol{\epsilon}})^T + \frac{1}{n}\sum_{i=1}^{n}(\boldsymbol{\mu}_i - \overline{\boldsymbol{\mu}})(\boldsymbol{\mu}_i - \overline{\boldsymbol{\mu}})^T + \\ &\quad \frac{1}{n}\sum_{i=1}^{n}(\boldsymbol{\epsilon}_i - \overline{\boldsymbol{\epsilon}})(\boldsymbol{\mu}_i - \overline{\boldsymbol{\mu}})^T + \frac{1}{n}\sum_{i=1}^{n}(\boldsymbol{\mu}_i - \overline{\boldsymbol{\mu}})(\boldsymbol{\epsilon}_i - \overline{\boldsymbol{\epsilon}})^T \end{aligned}$$

易知

$$\frac{1}{n}\sum_{i=1}^{n}(\boldsymbol{\mu}_i - \overline{\boldsymbol{\mu}})(\boldsymbol{\epsilon}_i - \overline{\boldsymbol{\epsilon}})^T = \frac{1}{n}\sum_{i=1}^{n}(\boldsymbol{\mu}_i - \overline{\boldsymbol{\mu}})\boldsymbol{\epsilon}_i^T \xrightarrow{a.s.} \mathbf{0}$$

综上，得

$$\mathbf{S_Z} \xrightarrow{a.s.} \boldsymbol{\Sigma} + \boldsymbol{\Sigma_\mu}$$

(2)由中心极限定理，有

$$\sqrt{n}\overline{\boldsymbol{\epsilon}} \xrightarrow{L} N_p(\mathbf{0}, \boldsymbol{\Sigma})$$

记 $\boldsymbol{\omega}_i = \boldsymbol{\epsilon}_i\boldsymbol{\epsilon}_i^T + \boldsymbol{\epsilon}_i(\boldsymbol{\mu}_i - \boldsymbol{\mu})^T + (\boldsymbol{\mu}_i - \boldsymbol{\mu})\boldsymbol{\epsilon}_i^T$，则

$$\begin{aligned} \overline{\boldsymbol{\omega}} - \boldsymbol{\Sigma} &= \frac{1}{n}\sum_{i=1}^{n}\boldsymbol{\epsilon}_i\boldsymbol{\epsilon}_i^T + \frac{1}{n}\sum_{i=1}^{n}\boldsymbol{\epsilon}_i(\boldsymbol{\mu}_i - \boldsymbol{\mu})^T + \frac{1}{n}\sum_{i=1}^{n}(\boldsymbol{\mu}_i - \boldsymbol{\mu})\boldsymbol{\epsilon}_i^T - \boldsymbol{\Sigma} \\ &= [\frac{1}{n}\sum_{i=1}^{n}\boldsymbol{\epsilon}_i\boldsymbol{\epsilon}_i^T - \boldsymbol{\Sigma}] + [\frac{1}{n}\sum_{i=1}^{n}\boldsymbol{\epsilon}_i(\boldsymbol{\mu}_i - \boldsymbol{\mu})^T + \frac{1}{n}\sum_{i=1}^{n}(\boldsymbol{\mu}_i - \boldsymbol{\mu})\boldsymbol{\epsilon}_i^T] \end{aligned}$$

由于

$$E(\overline{\boldsymbol{\omega}} - \boldsymbol{\Sigma}) = E[\boldsymbol{\epsilon}_i\boldsymbol{\epsilon}_i^T + \boldsymbol{\epsilon}_i(\boldsymbol{\mu}_i - \boldsymbol{\mu})^T + (\boldsymbol{\mu}_i - \boldsymbol{\mu})\boldsymbol{\epsilon}_i^T - \boldsymbol{\Sigma}] = \mathbf{0}$$

且

$$\mathrm{Cov}[\mathrm{Vech}(\boldsymbol{\omega}_i - \boldsymbol{\Sigma})]$$

$$= \mathrm{Cov}[\mathrm{Vech}(\boldsymbol{\epsilon}_i\boldsymbol{\epsilon}_i^T + \boldsymbol{\epsilon}_i(\boldsymbol{\mu}_i - \boldsymbol{\mu})^T + (\boldsymbol{\mu}_i - \boldsymbol{\mu})\boldsymbol{\epsilon}_i^T - \boldsymbol{\Sigma})]$$

$$= \boldsymbol{\Lambda} + \mathbf{D}^+\mathrm{Cov}[\boldsymbol{\epsilon}_i \otimes (\boldsymbol{\mu}_i - \boldsymbol{\mu})]\mathbf{D}^{+T} + \mathbf{D}^+\mathrm{Cov}[(\boldsymbol{\mu}_i - \boldsymbol{\mu}) \otimes \boldsymbol{\epsilon}_i]\mathbf{D}^{+T} +$$

$$\mathbf{D}^+\mathrm{Cov}[\boldsymbol{\epsilon}_i \otimes (\boldsymbol{\mu}_i - \boldsymbol{\mu}), (\boldsymbol{\mu}_i - \boldsymbol{\mu}) \otimes \boldsymbol{\epsilon}_i]\mathbf{D}^{+T} +$$

$$\mathbf{D}^+\mathrm{Cov}[(\boldsymbol{\mu}_i - \boldsymbol{\mu}) \otimes \boldsymbol{\epsilon}_i, \boldsymbol{\epsilon}_i \otimes (\boldsymbol{\mu}_i - \boldsymbol{\mu})]\mathbf{D}^{+T}$$

$$= \boldsymbol{\Lambda} + \mathbf{D}^+(\boldsymbol{\Sigma} \otimes ((\boldsymbol{\mu}_i - \boldsymbol{\mu})(\boldsymbol{\mu}_i - \boldsymbol{\mu})^T))\mathbf{D}^{+T} +$$

$$\mathbf{D}^+(((\boldsymbol{\mu}_i - \boldsymbol{\mu})(\boldsymbol{\mu}_i - \boldsymbol{\mu})^T) \otimes \boldsymbol{\Sigma})\mathbf{D}^{+T} + \mathbf{D}^+(\boldsymbol{\Sigma} \star ((\boldsymbol{\mu}_i - \boldsymbol{\mu})(\boldsymbol{\mu}_i - \boldsymbol{\mu})^T))$$

$$\times \mathbf{D}^{+T} + \mathbf{D}^+(((\boldsymbol{\mu}_i - \boldsymbol{\mu})(\boldsymbol{\mu}_i - \boldsymbol{\mu})^T) \star \boldsymbol{\Sigma})\mathbf{D}^{+T}$$

根据假定条件中 A2, $\quad \boldsymbol{\Lambda}_\mathbf{r} = \mathrm{Cov}[\mathrm{Vec}(\mathbf{r}_1\mathbf{r}_1^T)] < \infty$, 有

$$\boldsymbol{\Lambda} = \mathrm{Cov}[\mathrm{Vech}(\boldsymbol{\epsilon}_1\boldsymbol{\epsilon}_1^T)] = \mathrm{Cov}[\mathrm{Vech}(\mathbf{A}\mathbf{r}_1\mathbf{r}_1^T\mathbf{A}^T)]$$

$$= \mathbf{D}^+(\mathbf{A} \otimes \mathbf{A})\boldsymbol{\Lambda}_\mathbf{r}(\mathbf{A} \otimes \mathbf{A})^T\mathbf{D}^{+T} < \infty$$

其中, $\mathbf{D}$ 是 $p^2 \times p(p+1)/2$ 维相应的变换矩阵, $\mathbf{D}^+ = (\mathbf{D}^T\mathbf{D})^{-1}\mathbf{D}^T$。由中心极限定理, 有

$$\sqrt{n} \cdot \mathrm{Vech}(\overline{\boldsymbol{\omega}} - \boldsymbol{\Sigma}) \xrightarrow{L} N_{p(p+1)/2}(\mathbf{0}, \boldsymbol{\Lambda} + \boldsymbol{\Lambda}_{\boldsymbol{\mu}})$$

由于 $\{\sqrt{n}(\overline{\mathbf{Z}} - \boldsymbol{\mu}), \sqrt{n} \cdot \mathrm{Vech}(\mathbf{S}_\mathbf{Z} - \boldsymbol{\Sigma} - \boldsymbol{\Sigma}_{\boldsymbol{\mu}})\}$ 与 $\{\sqrt{n}\overline{\boldsymbol{\epsilon}}, \sqrt{n} \cdot \mathrm{Vech}(\overline{\boldsymbol{\omega}} - \boldsymbol{\Sigma})\}$ 是渐近同分布的, 所以

$$\sqrt{n}(\overline{\mathbf{Z}} - \boldsymbol{\mu}) \xrightarrow{L} N_p(\mathbf{0}, \boldsymbol{\Sigma})$$

$$\sqrt{n} \cdot \mathrm{Vech}(\mathbf{S}_\mathbf{Z} - \boldsymbol{\Sigma} - \boldsymbol{\Sigma}_{\boldsymbol{\mu}}) \xrightarrow{L} N_{p(p+1)/2}(\mathbf{0}, \boldsymbol{\Lambda} + \boldsymbol{\Lambda}_{\boldsymbol{\mu}})$$

又由于

$$\text{Cov}[\bar{\boldsymbol{\epsilon}}, \text{Vech}(\overline{\boldsymbol{\omega}} - \boldsymbol{\Sigma})]$$

$$= \text{Cov}[\frac{1}{n}\sum_{i=1}^{n}\boldsymbol{\epsilon}_i, \text{Vech}(\frac{1}{n}\sum_{i=1}^{n}\boldsymbol{\epsilon}_i\boldsymbol{\epsilon}_i^T + \frac{1}{n}\sum_{i=1}^{n}\boldsymbol{\epsilon}_i(\boldsymbol{\mu}_i - \boldsymbol{\mu})^T + \frac{1}{n}\sum_{i=1}^{n}(\boldsymbol{\mu}_i - \boldsymbol{\mu})\boldsymbol{\epsilon}_i^T)]$$

$$= \frac{1}{n^2}\sum_{i=1}^{n}\text{Cov}[\boldsymbol{\epsilon}_i, \text{Vech}(\boldsymbol{\epsilon}_i\boldsymbol{\epsilon}_i^T + \boldsymbol{\epsilon}_i(\boldsymbol{\mu}_i - \boldsymbol{\mu})^T + (\boldsymbol{\mu}_i - \boldsymbol{\mu})\boldsymbol{\epsilon}_i^T)]$$

$$= \frac{1}{n^2}\sum_{i=1}^{n}\text{Cov}[\boldsymbol{\epsilon}_i, \text{Vech}(\boldsymbol{\epsilon}_i\boldsymbol{\epsilon}_i^T)] + \frac{1}{n^2}\sum_{i=1}^{n}\text{Cov}[\boldsymbol{\epsilon}_i, \text{Vech}(\boldsymbol{\epsilon}_i(\boldsymbol{\mu}_i - \boldsymbol{\mu})^T)] +$$

$$\frac{1}{n^2}\sum_{i=1}^{n}\text{Cov}[\boldsymbol{\epsilon}_i, \text{Vech}((\boldsymbol{\mu}_i - \boldsymbol{\mu})\boldsymbol{\epsilon}_i^T)]$$

且 $\mathbf{r}_i$ 的分布是对称的，$E[\boldsymbol{\epsilon}_i\text{Vech}(\boldsymbol{\epsilon}_i\boldsymbol{\epsilon}_i^T)^T] = \mathbf{0}$，再结合假定 A1 和 A2，有

$$\frac{1}{n^2}\sum_{i=1}^{n}\text{Cov}[\boldsymbol{\epsilon}_i, \text{Vech}(\boldsymbol{\epsilon}_i\boldsymbol{\epsilon}_i^T)]$$

$$= \frac{1}{n^2}\sum_{i=1}^{n}E[\boldsymbol{\epsilon}_i\text{Vech}(\boldsymbol{\epsilon}_i\boldsymbol{\epsilon}_i^T)^T] - \frac{1}{n^2}\sum_{i=1}^{n}E(\boldsymbol{\epsilon}_i)E[\text{Vech}(\boldsymbol{\epsilon}_i\boldsymbol{\epsilon}_i^T)^T]$$

$$= \mathbf{0} \tag{4.9}$$

$$\frac{1}{n^2}\sum_{i=1}^{n}\text{Cov}[\boldsymbol{\epsilon}_i, \text{Vech}(\boldsymbol{\epsilon}_i(\boldsymbol{\mu}_i - \boldsymbol{\mu})^T)]$$

$$= \frac{1}{n^2}\sum_{i=1}^{n}E[\boldsymbol{\epsilon}_i(\text{Vech}(\boldsymbol{\epsilon}_i(\boldsymbol{\mu}_1 - \boldsymbol{\mu})^T))^T] - \frac{1}{n^2}\sum_{i=1}^{n}E(\boldsymbol{\epsilon}_i)E[(\text{Vech}(\boldsymbol{\epsilon}_i(\boldsymbol{\mu}_i - \boldsymbol{\mu})^T))^T]$$

$$= \frac{1}{n^2}\sum_{i=1}^{n}E[\boldsymbol{\epsilon}_i((\boldsymbol{\mu}_i - \boldsymbol{\mu})^T \otimes \boldsymbol{\epsilon}_i^T)\mathbf{D}^{+T}] - \frac{1}{n^2}\sum_{i=1}^{n}E(\boldsymbol{\epsilon}_i)E[((\boldsymbol{\mu}_i - \boldsymbol{\mu})^T \otimes \boldsymbol{\epsilon}_i^T)\mathbf{D}^{+T}]$$

$$= \frac{1}{n^2}\sum_{i=1}^{n}E[(\boldsymbol{\mu}_i - \boldsymbol{\mu})^T \otimes (\boldsymbol{\epsilon}_i\boldsymbol{\epsilon}_i^T)\mathbf{D}^{+T}]$$

$$= \frac{1}{n^2}\sum_{i=1}^{n}(\boldsymbol{\mu}_i - \boldsymbol{\mu})^T \otimes E(\boldsymbol{\epsilon}_1\boldsymbol{\epsilon}_1^T)\mathbf{D}^{+T}$$

$$\xrightarrow{a.s.} \mathbf{0} \tag{4.10}$$

$$\frac{1}{n^2} \sum_{i=1}^{n} \mathrm{Cov}[\boldsymbol{\epsilon}_i, \mathrm{Vech}((\boldsymbol{\mu}_i - \boldsymbol{\mu})\boldsymbol{\epsilon}_i^T)]$$

$$= \frac{1}{n^2} \sum_{i=1}^{n} E[\boldsymbol{\epsilon}_i (\mathrm{Vech}((\boldsymbol{\mu}_i - \boldsymbol{\mu})\boldsymbol{\epsilon}_i^T))^T] - \frac{1}{n^2} \sum_{i=1}^{n} E(\boldsymbol{\epsilon}_i) E[(\mathrm{Vech}((\boldsymbol{\mu}_i - \boldsymbol{\mu})\boldsymbol{\epsilon}_i^T))^T]$$

$$= \frac{1}{n^2} \sum_{i=1}^{n} E[\boldsymbol{\epsilon}_i (\boldsymbol{\epsilon}_i^T \otimes (\boldsymbol{\mu}_i - \boldsymbol{\mu})^T)\mathbf{D}^{+T}] - \frac{1}{n^2} \sum_{i=1}^{n} E(\boldsymbol{\epsilon}_i) E[(\boldsymbol{\epsilon}_i^T \otimes (\boldsymbol{\mu}_i - \boldsymbol{\mu})^T)\mathbf{D}^{+T}]$$

$$= \frac{1}{n^2} \sum_{i=1}^{n} E[(\boldsymbol{\epsilon}_i \boldsymbol{\epsilon}_i^T) \otimes (\boldsymbol{\mu}_i - \boldsymbol{\mu})^T \mathbf{D}^{+T}]$$

$$= E(\boldsymbol{\epsilon}_1 \boldsymbol{\epsilon}_1^T) \otimes [\frac{1}{n^2} \sum_{i=1}^{n} (\boldsymbol{\mu}_i - \boldsymbol{\mu})^T \mathbf{D}^{+T}]$$

$$\xrightarrow{a.s.} \mathbf{0} \tag{4.11}$$

由式4.9~式4.11，有

$$\mathrm{Cov}(\overline{\boldsymbol{\epsilon}} \; \mathrm{Vech}(\overline{\boldsymbol{\omega}} - \boldsymbol{\Sigma})) \xrightarrow{a.s.} \mathbf{0}$$

故 $\sqrt{n}\overline{\boldsymbol{\epsilon}}$ 与 $\sqrt{n} \cdot \mathrm{Vech}(\overline{\boldsymbol{\omega}} - \boldsymbol{\Sigma})$ 是渐近独立的，则有 $\overline{\mathbf{Z}}$ 与 $\mathbf{S_Z}$ 是渐近独立的。
证毕。

4.5.2 定理4.2的证明

首先，记

$$\mathbf{S_{YX}} = \mathbf{H}_1 \mathbf{S_Z} \mathbf{H}_2^T \qquad \mathbf{S_X} = \mathbf{H}_2 \mathbf{S_Z} \mathbf{H}_2^T$$

其中

$$\mathbf{H}_1 = (\mathbf{I}_{p_1}, \mathbf{0}) \qquad \mathbf{H}_2 = (\mathbf{0}, \mathbf{I}_{p_2})$$

则有

$$\widehat{\mathbf{B}} = \widehat{\mathbf{B}}(\mathbf{S_Z}) = \mathbf{H}_1 \mathbf{S_Z} \mathbf{H}_2^T (\mathbf{H}_2 \mathbf{S_Z} \mathbf{H}_2^T)^{-1}$$

是样本协方差矩阵 $\mathbf{S_Z}$ 的函数。定义 s_k 为 $\mathrm{Vech}(\mathbf{S_Z})$ 的第 k 个元素。通过矩阵微分的方法，有

$$\frac{\partial \widehat{\mathbf{B}}}{\partial s_k} = \mathbf{H}_1 \left(\frac{\partial \mathbf{S_Z}}{\partial s_k} \right) \mathbf{H}_2^T (\mathbf{S_X})^{-1} - \mathbf{S_{YX}} (\mathbf{S_X})^{-1} \mathbf{H}_2 \left(\frac{\partial \mathbf{S_Z}}{\partial s_k} \right) \mathbf{H}_2^T (\mathbf{S_X})^{-1}$$

则

$$\frac{\partial \mathrm{Vec}(\widehat{\mathbf{B}})}{\partial s_k}$$

$$= [(\mathbf{S_X^{-1}H_2}) \otimes \mathbf{H_1}]\mathbf{D}\frac{\partial \mathrm{Vech}(\mathbf{S_Z})}{\partial s_k} - [(\mathbf{S_X^{-1}H_2}) \otimes (\mathbf{S_{YX}S_X^{-1}H_2})]\mathbf{D}\frac{\partial \mathrm{Vech}(\mathbf{S_Z})}{\partial s_k}$$

在 $\mathbf{\Sigma} + \mathbf{\Sigma_\mu}$ 处的雅可比矩阵为

$$
\begin{aligned}
&\left.\frac{\partial\{\mathrm{Vec}(\widehat{\mathbf{B}})\}}{\partial\{\mathrm{Vech}(\mathbf{S_Z})^T\}}\right|_{\mathbf{S_Z} = \mathbf{\Sigma} + \mathbf{\Sigma_\mu}} \\
=~ &(\mathbf{\Gamma_{X+\xi}^{-1}} \otimes \mathbf{I}_{p_1})(\mathbf{H_2} \otimes \mathbf{H_1})\mathbf{D} - (\mathbf{\Gamma_{X+\xi}^{-1}} \otimes \mathbf{B})(\mathbf{H_2} \otimes \mathbf{H_2})\mathbf{D} \\
=~ &\mathbf{QD}
\end{aligned}
$$

其中

$$\mathbf{Q} = (\mathbf{\Gamma_{X+\xi}^{-1}} \otimes \mathbf{I}_{p_1})(\mathbf{H_2} \otimes \mathbf{H_1}) - (\mathbf{\Gamma_{X+\xi}^{-1}} \otimes \mathbf{B})(\mathbf{H_2} \otimes \mathbf{H_2})$$

因此，由德尔塔 (delta) 方法，有

$$\sqrt{n} \cdot \mathrm{Vec}(\widehat{\mathbf{B}} - \mathbf{B}) \xrightarrow{L} N_{p_1 p_2}(\mathbf{0}, \mathbf{\Phi_B})$$

其中，$\mathbf{\Phi_B} = \mathbf{QD}(\mathbf{\Lambda} + \mathbf{\Lambda_\mu})\mathbf{D}^T\mathbf{Q}^T$。

容易看出，其中

$$\widehat{\mathbf{a}} - \mathbf{a} = \widehat{\mathbf{P}}(\overline{\mathbf{Z}} - \mathbf{\mu}) - (\mathbf{\xi}^T \otimes \mathbf{I}_{p_1})\mathrm{Vec}(\widehat{\mathbf{B}} - \mathbf{B})$$

$$\widehat{\mathbf{P}} = (\mathbf{I}_{p_1}, -\widehat{\mathbf{B}})$$

有

$$
\begin{pmatrix} \sqrt{n}(\widehat{\mathbf{a}} - \mathbf{a}) \\ \sqrt{n} \cdot \mathrm{Vec}(\widehat{\mathbf{B}} - \mathbf{B}) \end{pmatrix} = \begin{pmatrix} \widehat{\mathbf{P}} & -(\mathbf{\xi}^T \otimes \mathbf{I}_{p_1}) \\ \mathbf{0} & \mathbf{I}_{p_1 p_2} \end{pmatrix} \begin{pmatrix} \sqrt{n}(\overline{\mathbf{Z}} - \mathbf{\mu}) \\ \sqrt{n} \cdot \mathrm{Vec}(\widehat{\mathbf{B}} - \mathbf{B}) \end{pmatrix}
$$

$$
\xrightarrow{L} N_{p_1 + p_1 p_2}\left(\begin{pmatrix} \mathbf{0} \\ \mathbf{0} \end{pmatrix}, \begin{pmatrix} \mathbf{\Phi_a} & \mathbf{\Phi_{aB}} \\ \mathbf{\Phi_{Ba}} & \mathbf{\Phi_B} \end{pmatrix} \right)
$$

证毕。

4.5.3 推论4.1的证明

若记 $\widetilde{\boldsymbol{\Lambda}} = (\mathbf{A} \otimes \mathbf{A})\boldsymbol{\Lambda}_{\mathbf{r}}(\mathbf{A} \otimes \mathbf{A})^T$，则 $\boldsymbol{\Lambda} = \mathbf{D}^+\widetilde{\boldsymbol{\Lambda}}\mathbf{D}^{+T}$，由定理 4.2 得

$$\widetilde{\Lambda}_{1,1} = \sigma_e^2 + 4b^2\sigma_u^2\sigma_e^2 + 4b^2\sigma_X^2\sigma_e^2 + b^4\sigma_u^2 + 4b^4\sigma_X^2\sigma_u^2 + b^4\sigma_X^2$$
$$\widetilde{\Lambda}_{1,2} = \widetilde{\Lambda}_{1,3} = \widetilde{\Lambda}_{2,1} = \widetilde{\Lambda}_{3,1} = 2b\sigma_X^2\sigma_e^2 + 2b^3\sigma_X^2\sigma_u^2 + b^3\sigma_X^2$$
$$\widetilde{\Lambda}_{1,4} = \widetilde{\Lambda}_{4,1} = b^2\sigma_X^2$$
$$\widetilde{\Lambda}_{2,2} = \widetilde{\Lambda}_{2,3} = \widetilde{\Lambda}_{3,2} = \widetilde{\Lambda}_{3,3} = \sigma_X^2\sigma_e^2 + b^2\sigma_X^2\sigma_u^2 + b^2\sigma_X^2$$
$$\widetilde{\Lambda}_{2,4} = \widetilde{\Lambda}_{4,2} = \widetilde{\Lambda}_{3,4} = \widetilde{\Lambda}_{4,3} = b\sigma_X^2$$
$$\widetilde{\Lambda}_{4,4} = \sigma_X^2$$

和

$$\boldsymbol{\Sigma} \otimes \boldsymbol{\Sigma}_{\mu}$$

$$= \begin{pmatrix} b^4(\sigma_X^2 + \sigma_u^2)\sigma_\xi^2 + b^2\sigma_e^2\sigma_\xi^2 & b^3(\sigma_X^2 + \sigma_u^2)\sigma_\xi^2 + b\sigma_e^2\sigma_\xi^2 & b^3\sigma_X^2\sigma_\xi^2 & b^2\sigma_X^2\sigma_\xi^2 \\ b^3(\sigma_X^2 + \sigma_u^2)\sigma_\xi^2 + b\sigma_e^2\sigma_\xi^2 & b^2(\sigma_X^2 + \sigma_u^2)\sigma_\xi^2 + \sigma_e^2\sigma_\xi^2 & b^2\sigma_X^2\sigma_\xi^2 & b\sigma_X^2\sigma_\xi^2 \\ b^3\sigma_X^2\sigma_\xi^2 & b^2\sigma_X^2\sigma_\xi^2 & b^2\sigma_X^2\sigma_\xi^2 & b\sigma_X^2\sigma_\xi^2 \\ b^2\sigma_X^2\sigma_\xi^2 & b\sigma_X^2\sigma_\xi^2 & b\sigma_X^2\sigma_\xi^2 & \sigma_X^2\sigma_\xi^2 \end{pmatrix}$$

$$\boldsymbol{\Sigma} \star \boldsymbol{\Sigma}_{\mu}$$

$$= \begin{pmatrix} b^4(\sigma_X^2 + \sigma_u^2)\sigma_\xi^2 + b^2\sigma_e^2\sigma_\xi^2 & b^3\sigma_X^2\sigma_\xi^2 & b^3(\sigma_X^2 + \sigma_u^2)\sigma_\xi^2 + b\sigma_e^2\sigma_\xi^2 & b^2\sigma_X^2\sigma_\xi^2 \\ b^3(\sigma_X^2 + \sigma_u^2)\sigma_\xi^2 + b\sigma_e^2\sigma_\xi^2 & b^2\sigma_X^2\sigma_\xi^2 & b^2(\sigma_X^2 + \sigma_u^2)\sigma_\xi^2 + \sigma_e^2\sigma_\xi^2 & b\sigma_X^2\sigma_\xi^2 \\ b^3\sigma_X^2\sigma_\xi^2 & b^2\sigma_X^2\sigma_\xi^2 & b^2\sigma_X^2\sigma_\xi^2 & b\sigma_X^2\sigma_\xi^2 \\ b^2\sigma_X^2\sigma_\xi^2 & b\sigma_X^2\sigma_\xi^2 & b\sigma_X^2\sigma_\xi^2 & \sigma_X^2\sigma_\xi^2 \end{pmatrix}$$

$\boldsymbol{\Sigma}_{\mu} \otimes \boldsymbol{\Sigma}$ 和 $\boldsymbol{\Sigma}_{\mu} \star \boldsymbol{\Sigma}$ 同理可计算，把上述结果带入式4.3中Φ_a，Φ_{ab} 及 Φ_b 的表达式中，即得式4.5~式4.7的结果。

证毕。

4.6 结束语

本章考虑了一类多元超结构 Berkson 测量误差模型，给出了该模型中参数的相合估计，推导了估计的渐近分布，并把该方法应用到一元超结构 Berkson

测量误差模型中。本章分析了一个实际例子，即一种农作物叶子中含磷量与土壤中磷元素的关系，结果显示本章方法可行。最后的模拟研究及实例分析都表明，如果忽略超结构 Berkson 测量误差模型中的超结构特征，即忽略 ξ_i 的值，直接套用一般 Berkson 测量误差模型的结果，会影响参数的区间估计。所以在分析此类数据时，要先考虑一下数据的来源，即自变量是否是独立同分布的（可以由类似图4.3的特征来判断，也可以由数据的实际背景来判断），从而决定是否采用超结构 Berkson 测量误差模型，若是超结构模型，其超结构的特征不能忽略，

5 部分线性回归模型的加权似然推断

在实际应用中，试验经费和时间的限制导致收集到的数据样本量很小，如何在这种情况下对感兴趣的参数进行有效估计是人们较关心的问题。如果有相关的研究或试验为数据分析提供额外的信息，充分利用这些信息得到新的估计即使有一点点偏差，但能得到更小的均方误差也是值得的。本书通过自适应权过程推广加权似然方法到带有额外相关信息的部分线性模型的估计。

加权似然方法已引起了众多学者的关注，取得了丰富的研究成果。例如，斯坦尼斯瓦利斯(Staniswalis)[1]和蒂布希尼(Tibshirani) 等[2]介绍了局部似然的思想并研究了局部似然推断方法，江口(Eguchi) 等[3]把局部似然推广到了更一般的形式。为了整合信息，胡等[4]提出了一个具有非常一般权的加权似然函数。胡等[5]对于数据带有明显的时间趋势，给出了自适应权方法。胡等[6]对于文献中已有的加权似然方法进行了比较全面的总结。前面所提到的所有加权似然方法都是在样本量很大的前提下使用的。然而在实际数据分析中，经常会遇到样本量不是太大，甚至是固定的比较少的几个的情况。

①Staniswalis J G. On the Kernel Estimate of a Regression Function in Likelihood based Models[J]. Journal of the American Statistical Association, 1989, 84: 276-283.

② Tibshirani R, Hastie T. Local Likelihood Estimation[J]. Journal of the American Statistical Association, 1987, 82: 559-567.

③ Eguchi S, Copas J. A Class of Local Likelihood Methods and Near-parametric Asymptotics[J]. Journal of the Royal Statistical Society, Series B, 1998, 60: 709-724.

④Hu F, Zidek J V. The Relevance Weighted Likelihood with Applications, in "Empirical Bayes and Likelihood Inference"[J]. Lecture Notes in Statistics, 2001, 148: 211-235.

⑤ Hu F, Rosenberger W. Analysis of Time Trends in Adaptive Designs with Applications to a Neurophysiology Experiments[J]. Statistics in Medicine, 2000, 19: 2067-2075.

⑥Hu F, Zidek J V. The Weighted Likelihood[J]. The Canadian Journal of Statistics, 2002, 30: 347-371.

这里，简单介绍一下郭(Guo) 等①和王等②的加权似然方法。假定观测到的响应变量$\mathbf{Y_1}, \cdots, \mathbf{Y_m}$ 相互独立，分别来自密度函数$f(.; \theta_1), \cdots, f(.; \theta_m)$，其中，$\mathbf{Y}_i = (Y_{i1}, \cdots, Y_{in_i})^T, i = 1, 2, \cdots, m$。我们主要对第一个总体中的参数$\theta_1$感兴趣。给定$\mathbf{Y}_1 = \mathbf{y}_1$，经典的似然函数是

$$L_1(\mathbf{y_1}, \theta_1) = \prod_{j=1}^{n_1} f(y_{1j}; \theta_1)$$

当参数$\theta_2, \cdots, \theta_m$与$\theta_1$很接近时，给定$\mathbf{y} = (\mathbf{y_1}, \mathbf{y_2}, \cdots, \mathbf{y_m})$，$\theta_1$的加权似然(WL)定义为

$$\mathrm{WL}(\mathbf{y}; \theta_1) = \prod_{i=1}^{m} \prod_{j=1}^{n_i} f(y_{ij}; \theta_1)^{\lambda_i}$$

其中，$\boldsymbol{\lambda} = (\lambda_1, \cdots, \lambda_m)$是指定的权向量。来自其他相关总体的参数$\theta_2, \cdots, \theta_m$，在加权似然中被近似为感兴趣的第一个总体中的参数$\theta_1$。

θ_1的加权似然估计定义为使如下加权似然函数$\mathrm{WL}(\mathbf{y}; \theta_1)$达到最大值点的$\theta_1$，即

$$\tilde{\theta_1} = \arg \sup_{\theta_1 \in \Theta} \mathrm{WL}(\mathbf{y}; \theta_1)$$

通过解估计方程$\partial \log\{\mathrm{WL}(\mathbf{y}; \theta_1)\}/\partial \theta_1 = 0$，$\tilde{\theta_1}$很容易得到。

虽然加权似然估计会稍稍有些偏差，但它最大的优点是可以减少均方误差。当总体的个数固定时，王等③对加权似然函数提出了一个信息论的修正。王等④对固定的权和自适应的权证明了WLE的渐近性质。

为了使加权似然更有效，权函数的选择很重要。王等⑤对权函数的选择采取了交叉核实的方法，并证明了所得WLE 的相合性与渐近正态性。然而，交叉

①Guo P, Wang X, Wu Y. Data Fusion Using Weighted Likelihood[J]. European Journal of Pure and Applied Mathematics, 2012, 5: 333-356.

②Wang X, Van E C, Zidek J V. Asymptotic Properties of Maximum Weighted Likelihood Estimators[J]. Journal of Statistical Planning and Inference, 2004, 119: 37-54.

③ Wang X, Zidek J V. Derivation of Mixture Distributions and Weighted Likelihood Function as Minimizers of KL-divergence Subject to Constraints[J]. Annals of the Institute of Statistical Mathematics, 2005a, 57: 687-701.

④ Wang X, van Eeden C, Zidek J V. Asymptotic Properties of Maximum Weighted Likelihood Estimators[J]. Journal of Statistical Planning and Inference, 2004, 119: 37-54.

⑤Wang X, Zidek J V. Selecting Likelihood Weights by Cross-validation[J]. The Annals of Statistics, 2005b, 33: 463-500.

核实方法对以下两种情况是极大的挑战：①WLE没有解析形式；②当样本量很小时，WLE的数值形式很难得到。所以，采用了一种简单而有效的方法来适当地选取似然函数的权。从计算结果的稳健及计算方法的易操作角度来说，新的方法优于王等①提出来的交叉核实权。更重要的是，它解决了交叉核实所不能解决的样本量小及不平衡的问题。

本章第5.2节对部分线性模型提出加权似然方法，给出加权似然估计的相合性和渐近正态性。第5.3节模拟结果表明本章方法的有效性，并用新的方法对一个实际数据集进行分析。第5.4节对本章的内容进行总结。

5.1 部分线性模型的加权似然

由于部分线性模型结合了线性模型简单的特点和非参数模型适应性强的特点，从而具有更大的灵活性，在过去的20年间，它吸引了越来越多学者的关注。

这里，简要地介绍一下线性模型的加权似然方法。假定数据$\{x_{1j}, y_{1j};\ j = 1, \cdots, n_1\}$ 和 $\{x_{2k}, y_{2k}; k = 1, \cdots, n_2\}$ 来源于下列模型

$$
\begin{array}{llll}
y_{1j} &=& \beta_1 x_{1j} + \epsilon_j & \epsilon_j \sim N(0, \sigma_1^2) & j = 1, \cdots, n_1 \\
y_{2k} &=& \beta_2 x_{2k} + e_k & e_k \sim N(0, \sigma_2^2) & k = 1, \cdots, n_2
\end{array} \tag{5.1}
$$

在通常假定下，β_1 和 β_2 的边际似然为

$$
L_1(\mathbf{y}_1; \beta_1) \propto \prod_{j=1}^{n_1} \exp \left\{ -\frac{(y_{1j} - \beta_1 x_{1j})^2}{2\,\sigma_1^2} \right\}
$$

$$
L_2(\mathbf{y}_2; \beta_2) \propto \prod_{k=1}^{n_2} \exp \left\{ -\frac{(y_{2k} - \beta_2 x_{2k})^2}{2\,\sigma_2^2} \right\}
$$

其中$\mathbf{y}_1 = (y_{11}, y_{12}, \cdots, y_{1n_1})^T$, $\mathbf{y}_2 = (y_{21}, y_{22}, \cdots, y_{2n_2})^T$。

从而，β_1 与 β_2 的极大似然估计可以直接计算出来，结果如下

$$
\tilde{\beta}_1^{\ mle} = \left(\sum_{j=1}^{n_1} x_{1j}^2 \right)^{-1} \sum_{j=1}^{n_1} x_{1j} y_{1j} \qquad \tilde{\beta}_2^{\ mle} = \left(\sum_{k=1}^{n_2} x_{2k}^2 \right)^{-1} \sum_{k=1}^{n_2} x_{2k} y_{2k} \tag{5.2}
$$

相应地，β_1 的WLE 定义为：

$$
\tilde{\beta}_1^{\ wle} = w_1^o \tilde{\beta}_1^{\ mle} + w_2^o \tilde{\beta}_2^{\ mle} \tag{5.3}
$$

---

①Wang X, Zidek J V. Selecting Likelihood Weights by Cross-validation[J]. The Annals of Statistics, 2005b, 33: 463-500.

其中

$$w_1^o = \frac{\sum\limits_{j=1}^{n_1} x_{1j}^2}{\sum\limits_{j=1}^{n_1} x_{1j}^2 + \gamma_2 \sum\limits_{k=1}^{n_2} x_{2k}^2} \qquad w_2^o = \frac{\gamma_2 \sum\limits_{k=1}^{n_2} x_{2k}^2}{\sum\limits_{j=1}^{n_1} x_{1j}^2 + \gamma_2 \sum\limits_{k=1}^{n_2} x_{2k}^2} \tag{5.4}$$

$$\begin{aligned} \gamma_2 &= \exp\left\{ -\frac{1}{2\sigma_1^2}\sum_{j=1}^{n_1}(y_{1j} - \tilde{\beta}_2^{\ mle} x_{1j})^2 + \frac{1}{2\sigma_1^2}\sum_{j=1}^{n_1}(y_{1j} - \tilde{\beta}_1^{\ mle} x_{1j})^2 \right\} \\ &= \exp\left\{ -(\tilde{\beta}_1^{\ mle} - \tilde{\beta}_2^{\ mle})^2 \sum_{j=1}^{n_1} x_{1j}^2 / (2\sigma_1^2) \right\} \end{aligned}$$

作用在第二个样本的权是估计系数差，以及误差方差与协变量方差之比的一个函数。$\tilde{\beta}_1^{\ mle}$ 与 $\tilde{\beta}_2^{\ mle}$ 相差越远，第二个样本对最终的估计贡献越小。第一个样本的样本方差越大，导致第二个样本获得的权重越大。未知参数 σ_1^2 可以在实际中通过MLE来估计。

需要指出的是，推导是在正态性假设下进行的，但是没有正态性假定，$\tilde{\beta}_1^{\ wle}$ 仍然具有相合性和渐近正态性。

接下来，把加权似然估计推广到部分线性模型

$$\mathbf{Y}_1 = \mathbf{X}_1 \beta_1 + \nu(\mathbf{Z}_1) + \varepsilon \tag{5.5}$$

式中，$\mathbf{X_1}$ 和 $\mathbf{Z}_1$ 是协变量；函数 $\nu(\cdot)$ 是未知的；模型误差 ε 在给定 $(\mathbf{X_1}, \mathbf{Z}_1)$ 时期望为 $\mathbf{0}$。

运用截面(profile) 核方法进行估计，简要介绍如下。令 $\tilde{X}_{1j} = X_{1j} - E(X_{1j}|Z_{1j})$，$\tilde{Y}_{1j} = Y_{1j} - E(Y_{1j}|Z_{1j})$。注意到，$E(\mathbf{Y}_1|\mathbf{Z}_1) = E(\mathbf{X}_1|\mathbf{Z}_1)\beta_1 + \nu(\mathbf{Z}_1)$，结合等式5.5，有 $\tilde{Y}_{1j} = \tilde{X}_{1j}\beta_1 + \varepsilon_{1j}$。最后，可以获得 β_1 的拟最小二乘估计

$$\hat{\beta}_{1,plm} =$$

$$\left[\sum_{j=1}^{n} \{X_{1j} - \hat{E}(X_{1j}|Z_{1j})\}^2 \right]^{-1} \sum_{j=1}^{n} \{X_{1j} - \hat{E}(X_{1j}|Z_{1j})\}\{Y_{1j} - E(Y_{1j}|Z_{1j})\}$$

式中，$\hat{E}(Y_1|z_1)$ 和 $\hat{E}(X_1|z_1)$ 是通过局部线性核方法得到的 $E(Y_1|Z_1 = z_1)$ 和 $E(X_1|Z_1 = z_1)$ 的估计。

令$K(u)$是一个对称的密度函数，h是一个适当的窗宽。之后用$\mathbf{X_1}$或者$\mathbf{Y_1}$替换下式中的$\mathbf{W}$，通过解下式中的α_0，就能得出上述核估计在z_0点的值

$$\sum_{i=1}^{n} K_k(Z_{1i} - z_0)\{1, (Z_{1i} - z_0)/h\}^T \{W_i - \alpha_0 - \alpha_1(Z_{1i} - z_0)/h\} = 0 \qquad (5.6)$$

其中

$$K_h(v) = h^{-1}K(v/h)$$

在后文中假设5.1成立的条件下，$\hat{\beta}_{1,plm}$是相合和渐近正态的，其分布期望为0，方差为$\sigma^2 var(\tilde{X}_1)$。

假定有两组观测$\{X_{1j}, Y_{1j}, Z_{1j}, j = 1, \cdots, n_1\}$和$\{X_{2k}, Y_{2k}, Z_{2k}, k = 1, \cdots, n_2\}$，来自如下两个部分线性模型

$$\begin{array}{llll} Y_{1j} &=& X_{1j}\beta_1 + \nu_1(Z_{1j}) + \varepsilon_{1j} & j = 1, \cdots, n_1 \\ Y_{2k} &=& X_{2k}\beta_2 + \nu_2(Z_{2k}) + \varepsilon_{2k} & k = 1, \cdots, n_2 \end{array} \qquad (5.7)$$

式中，$\nu_1(\cdot)$和$\nu_2(\cdot)$是两个可识别的未知光滑函数。

假定感兴趣的参数仍然是β_1，则类似于式5.5的处理方法，有

$$\begin{array}{llll} Y_{1j} - E(Y_{1j}|Z_{1j}) = \{X_{1j} - E(X_{1j}|Z_{1j})\}\beta_1 + \varepsilon_{1j} & j = 1, \cdots, n_1 \\ Y_{2k} - E(Y_{2k}|Z_{2k}) = \{X_{2k} - E(X_{2k}|Z_{2k})\}\beta_2 + \varepsilon_{2k} & k = 1, \cdots, n_2 \end{array} \qquad (5.8)$$

用上述核回归方法估计$E(Y_{1j}|Z_{1j})$，$E(X_{1j}|Z_{1j})$，$E(Y_{2k}|Z_{2k})$和$E(X_{2k}|Z_{2k})$，并用相关的非参数估计方法估计这四个条件期望的函数。然后得到β_1与β_2的截面估计，如下

$$\hat{\beta}_{1,plm} =$$

$$\left[\sum_{j=1}^{n_1}\{X_{1j} - \hat{E}(X_{1j}|Z_{1j})\}^2\right]^{-1} \sum_{j=1}^{n_1}\{X_{1j} - \hat{E}(X_{1j}|Z_{1j})\}\{Y_{1j} - \hat{E}(Y_{1j}|Z_{1j})\}$$

$$\hat{\beta}_{2,plm} =$$

$$\left[\sum_{k=1}^{n_2}\{X_{2k} - \hat{E}(X_{2k}|Z_{2k})\}^2\right]^{-1} \sum_{k=1}^{n_2}\{X_{2k} - \hat{E}(X_{2k}|Z_{2k})\}\{Y_{2k} - \hat{E}(Y_{2k}|Z_{2k})\}$$

从而得到部分线性模型中β_1的加权似然估计WLE，为

$$\hat{\beta}_{1,plm}^{wle} = \hat{w}_1\hat{\beta}_{1,plm} + \hat{w}_2\hat{\beta}_{2,plm}$$

用$\{X_{ij} - \hat{E}(X_{ij}|Z_{ij})\}^2$替换式5.4中的$x_{ij}^2$，就能类似地得到$\hat{w}_1$和$\hat{w}_2$的估计，对于$\forall j = 1, \cdots, n_i$, $i = 1, 2$。

为了获得$\hat{\beta}_{1,plm}^{wle}$的渐近性质，给出下列一组条件：

假设 5.1

(1) 窗宽$h_i = C_i \, n_i^{-1/5}$, $i = 1, 2$, 其中, $C_i > 0$为某个正常数；

(2) 核函数$K(u)$是有界对称函数，具有紧支撑，并且满足$\int K(u)du = 1$, $\int K(u)udu = 0$ 和 $\int u^2 K(u)du = 1$；

(3) $E(X_i|Z_i)$ 和$E(Y_i|Z_i)$ $(i=1,2)$ 有有界连续的二阶导数。

定理 5.2 假定$\frac{n_i}{n_1} \to a_i < \infty$, 且$X_{ij}$是独立同分布的, 有有限的二阶矩, $\forall \, j = 1, \cdots, n_i$, $i = 1, 2$。在上述假定条件下, 加权似然估计$\hat{\beta}_{1,plm}^{wle}$是相合的, 并且当$n_1 \to \infty$时是渐近正态的, 其分布期望为0, 方差为$\sigma_1^2 var^{-1}(\tilde{X}_1)$。

证明 类似于梁等[1]的证明方法，可以得出在上述假定条件下，$\hat{\beta}_{1,plm}$和$\hat{\beta}_{2,plm}$分别等价于

$$\left(\sum_{j=1}^{n_1} \tilde{X}_{1j}^2 \right)^{-1} \sum_{j=1}^{n_1} \tilde{X}_{1j}\tilde{Y}_{1j} \text{ 和 } \left(\sum_{k=1}^{n_2} \tilde{X}_{2k}^2 \right)^{-1} \sum_{k=1}^{n_2} \tilde{X}_{2k}\tilde{Y}_{2k}$$

类似地，把式5.4中用于估计w_1和w_2的x_{ij}^2替换为$\tilde{X}_{ij}$, $j = 1, \cdots, n_i$, $i = 1, 2$, 就能得到$\hat{w}_1$和$\hat{w}_2$，并且它们的阶达到了$o(1)$。接下来， WLE $\tilde{\beta}_{1,plm}^{wle}$ 等价于模型5.8中的WLE，其实它们在本质上与模型5.1是等价的。其余的证明类似于郭等[2]对线性模型的证明部分。

值得一提的是，我们只需要一个满足假设5.1(1)要求的窗宽，这种窗宽可以用常规的办法得到。本文运用鲁珀特 (Ruppert) 等[3]的方法来选择窗宽。他们的基本想法是，通过最小化积分均方误差，来获得窗宽的一个近似值h_{MISE}，之

① Liang H. Estimation in Partially Linear Models and Numerical Comparisons[J]. Computational Statistics and Data Analysis, 2006, 50: 675－687. Liang H, Wang S, Robins J, et al. Estimation in Partially Linear Models with Missing Covariates[J]. Journal of the American Statistical Association, 2004, 99: 357－367.

②Guo P, Wang X, Wu Y. Data Fusion Using Weighted Likelihood[J]. European Journal of Pure and Applied Mathematics, 2012, 5: 333－356.

③Ruppert D, Sheather S J, Wand M P. An Effective Bandwidth Selector for Local Least Squares Regression[J]. Journal of the American Statistical Association, 1995, 90: 1257－1270.

后用估计值来替换极限中的未知积分。另外，对于非参数回归，本书采用局部线性光滑法。

加权经验似然方法可以直接推广到多于两总体的情形。另外，类似于定理5.2的证明过程，也可以推导出成对数据的WLE $\hat{\beta}_{1,plm}^{wle}$ 的渐近分布。

5.2　数值模拟及实例分析

我们用模拟结果来说明所提出新方法的表现。在不同样本量的情况下，比较了基于MLE 和WLE 的估计值与标准误，分别给出了WLE 和MLE 的MSE 以及两个MSE 之比。

例 5.1　数值模拟

令模型5.7中 $\beta_1 = 1$，$\beta_2 = 0.92$，$\sigma_1 = 0.25$，$\sigma_2 = 0.3$，从中抽取一组样本。非参数函数 $\nu(z) = 4\{\exp(-3.25z) - 4\exp(-6.5z) + 3\exp(-9.75z)\}$，其中 $Z \sim U[0,1]$。令 $X_1, X_2 \overset{i.i.d.}{\sim} N(0,1)$。本节考虑三种情况：(i) $n_1 < n_2$；　(ii) $n_1 = n_2$；　(iii) $n_1 > n_2$。n_1 与 n_2 的差变化范围为 8~90，对于每一组固定的样本量，模拟重复次数为1 000。在本例以及例5.2 的实际数据分析中，对于非参数回归部分，采用二次核函数 $K(u) = 15/16(1 - u^2)^2 I_{(|u| \leqslant 1)}$。

表5.1总结了模拟结果。可以看出MLE 与WLE 都很接近参数真值。WLE 的标准误普遍小于MLE 的标准误，并且WLE 的MSE 与MLE 的MSE 的比值在0.5附近，这说明对比于MLE，WLE 的MSE 减少很多。在当前模型下，一般来说 n_1 越小，MSE 之比越大，而对固定 n_1，MSE 之比与 β_2 大小成反比。可以看出，WLE 的表现一直比MLE 好，n_1 比较小的时候也不例外。这个特点在实际数据分析中非常有用，尤其是在所关心的总体样本量很小，而其他相关总体样本量很大时。

例 5.2　实际数据分析

本例分析来自艾滋病临床试验项目5055(A5055) 的数据，这个项目主要研究IDV 和RTV 两种药对抗逆转录病毒的效果。病人被随机分成两个治疗组：800/200(IDV/RTV) mg bid (A组) 和400/400(IDV/RTV) mg bid (B 组)。44个HIV-1感染者参加了此项研究。随机分配22 个人到A组，剩下22个人到B组，但是试验

表 5.1 对心脏疾病数据、指标参数的SIMEX估计和Naive估计

n_1	n_2	MLE		WLE		$\hat{\lambda}$(std)	ratio
		$\hat{\beta}$(std)	MSE(std)	$\hat{\beta}$(std)	MSE(std)		
50	40	1.002(0.758)	0.574(0.841)	0.969(0.56)	0.314(0.461)	0.51(0.015)	0.547
70	56	1.032(0.685)	0.47(0.66)	0.987(0.5)	0.25(0.347)	0.509(0.012)	0.532
90	72	1.018(0.619)	0.384(0.519)	0.995(0.454)	0.206(0.279)	0.508(0.012)	0.537
110	88	1.035(0.538)	0.291(0.402)	0.988(0.405)	0.164(0.24)	0.507(0.01)	0.564
130	104	1.001(0.512)	0.262(0.369)	0.965(0.394)	0.157(0.218)	0.506(0.007)	0.598
150	120	1.016(0.486)	0.236(0.327)	0.968(0.355)	0.127(0.184)	0.505(0.007)	0.54
50	50	1.021(0.77)	0.593(0.868)	0.997(0.519)	0.269(0.375)	0.508(0.011)	0.453
70	70	1.009(0.666)	0.444(0.607)	0.976(0.478)	0.228(0.322)	0.507(0.01)	0.515
90	90	1(0.592)	0.35(0.501)	0.975(0.417)	0.174(0.25)	0.506(0.009)	0.498
110	110	1.004(0.55)	0.302(0.425)	0.971(0.383)	0.147(0.207)	0.506(0.008)	0.488
130	130	1.047(0.507)	0.259(0.356)	0.983(0.368)	0.136(0.182)	0.504(0.007)	0.524
150	150	1.001(0.468)	0.219(0.307)	0.966(0.33)	0.11(0.15)	0.504(0.007)	0.505
50	75	1.026(0.78)	0.609(0.885)	0.977(0.497)	0.248(0.384)	0.507(0.009)	0.406
70	105	1.018(0.662)	0.438(0.628)	0.951(0.445)	0.2(0.282)	0.505(0.008)	0.456
90	135	0.996(0.593)	0.351(0.513)	0.956(0.385)	0.15(0.212)	0.505(0.007)	0.428
110	165	1.043(0.559)	0.314(0.429)	0.974(0.348)	0.122(0.169)	0.504(0.005)	0.388
130	195	1.023(0.488)	0.238(0.324)	0.971(0.325)	0.106(0.147)	0.503(0.005)	0.447
150	225	1.021(0.478)	0.229(0.312)	0.962(0.31)	0.097(0.136)	0.503(0.004)	0.424

ratio, 是MSE(WLE) 与MSE(MLE) 的比.

只观测到42个病人的数据，剩下两个病人的数据缺失了。总共观测到303个样本，其中，154个来自A组，149个来自B组。项目的细节可以参考吴等[1]。

人们关心的是两种治疗方案的效果与CD4 细胞数量及病毒载量水平(RNA)的关系。这种关系可以帮助我们了解艾滋病病毒感染的发病机制和免疫反应。初步研究表明，RNA 与CD4细胞水平呈线性关系，但是与试验时间并非呈线性关系。梁等[2]对ACTG 315 数据运用部分线性模型研究了病毒载量与CD4 的关系。本书先检验两组之间病毒载量，看CD4 细胞水平是否有差异。根据威尔科

---

[1]Acosta E, Wu H, Hammer S, et al. Comparison of Two Indinavir/Ritonavir Regimens in the Treatment of HIV-infected Individuals[J]. Journal of Acquired Immune Deficiency Syndromes, 2004, 37: 1358–1366.

[2]Liang H, Wang S, Robins J, et al. Estimation in Partially Linear Models with Missing Covariates[J]. Journal of the American Statistical Association, 2004, 99: 357‒367.

克森(Wilcoxon) 检验结果，P值都大于0.5，这表明两组没有明显差异。为了说明新方法，本书把它应用到病毒载量与CD4量关系分析中，联合B组的信息；主要研究A组。为了减小方差，对病毒载量和处理时间取对数变换，并把CD4水平转换到$[0,1]$内。这两组RNA和CD4细胞数量的均值(标准误)分别为2.48 (1.13; A组)，2.50 (1.19; B组)，0.189 (0.11; A组)，0.23 (0.17; B组)。用例5.1中同样的模型及同样的核函数来获得A组的WLE 与MLE，它们的估计值(标准误)分别为$-2.618(0.642)$ 和$-2.797(0.418)$。两个估计值都显示CD4数量与病毒载量呈负相关，WLE 的标准误更小一些，且WLE 的估计值显示两者负相关关系稍微强一些。两个关于处理时间的非参数函数估计曲线显示在图5.1中。这两条曲线的形状是相似的，都是一开始迅速下降然后缓慢上升。这个特征说明，在逆转录酶治疗之后，病毒载量水平急速下降，然后缓慢反弹。

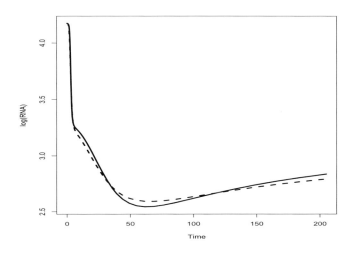

图 5.1 A5055数据分析中非参数函数$\nu(z)$的估计

注：虚线表示经典MLE得到的$\nu(z)$的估计曲线，实线是运用本书WLE方法估计的$\nu(z)$曲线。

5.3 结束语

对于部分线性模型，本章提出了加权似然推断方法，采用数据驱动(data-driven) 方法来选择权重。对比于经典MLE，本章提出的方法同样具有渐近正态性，但是无论从理论上还是数值模拟中，本章的方法都优于经典的MLE。书中所分析的真实数据是一组纵向数据，我们其实应该区别对待组内与组间误差，考虑固定效应模型的加权似然推断问题。我们也会进一步研究去掉正态性假设后加权似然估计的性质。另外，本章只考虑加权似然估计的渐近正态性。这类估计是否具有渐近最优性是比较难但值得进一步探讨的问题。这些都只能在以后的研究中完成。

参考文献

［1］赵宇，杨军，马小军. 可靠性数据分析教程［M］. 北京：北京航空航天大学出版社，2009.

［2］茆诗松，汤银才，王玲玲. 可靠性统计［M］. 北京：高等教育出版社，2008.

［3］Nelson W. Accelerated Testing：Statistical Models，Test Plans，and Data Analyses［M］. New York：John Wiley，1990.

［4］Beal S L，Sheiner L B. Methodology of Population Pharmacokinetics［J］. Drug Fate and Metabolism：Methods and Techniques，1985，5：135－183.

［5］Vietl R. Statistical Method in Accelerated Life Testing［M］. Gottingan：Vandenhocck Ruprecht，1988.

［6］Connors K A，Amidon G L，Kennon L. Chemical Stability of Pharmaceuticals［M］. New York：John Wiley，1979.

［7］Gabano J P. Lithium Batteries［M］. New York：Academic Press，1983.

［8］Veluzat P，Goddet T. New Trends in Rigid Insulation of Turbine Generators［J］. IEEE Electrical Insulation Magazine，1987，3：24－26.

［9］Grimm W. Stability Testing of Drug Products［M］. Stuttgart：Wissenschaftliche Verlagsgeseell Schaft，1987.

［10］Linden D. Handbook of Batteries and Fuel Cells［M］. New York：McGraw－Hill，1984.

［11］Boothroyd G. Fundamentals of Metal Machining and Machine Tools［M］. New York：McGraw－Hill，1975.

［12］Levenbach G J. Accelerated Life Testing of Capacitors IRA－trans on Reliability and Quality Control［J］. Reliability and Quality Control，IRE

Transactions on, 1957, 10: 9 - 20.

[13] Mann N R, Schafer R E, Singpurwalla A P. Methods for Statistical Analysis of Reliability and Life Data [M]. New York: John Wiley, 1974.

[14] Tseng S T, Yu H F. A Termination Rule for Degradation Experiments [J]. IEEE Transactions on Reliability, 1997, 46: 130 - 133.

[15] Tseng S T, Balakrish N, Tsai C C. Optimal Step - stress Accelerated Degradation Test Plan for Gamma Degradation Processes [J]. IEEE Transactions on Reliability, 2009, 58: 611 - 618.

[16] Lim H, Yum D J. Optimal Design of Accelerated Degradation Tests Based on Wiener Process Models [J]. Journal of Applied Statistics, 2011, 38: 309 - 325.

[17] Meeker W Q, Escobar L A, Lu C J. Accelerated Degradation Tests: Modeling and Analysis [J]. Technometrics, 1998, 40: 89 - 99.

[18] Escobar L A, Meeker W Q. A Review of Accelerated Test Models [J]. Statistical Science, 2006, 21: 552 - 577.

[19] Hsieh M H, Jeng S L, Shen P S. Assessing Device Reliability Based on Scheduled Discrete Degradation Measurements [J]. Probabilistic Engineering Mechanics, 2009, 24: 151 - 158.

[20] Pan J, Balakrishnan N, Sun Q. Bivariate Constant Stress Accelerated Degradation Model and Inference [J]. Communications in Statistics - Simulation and Computation, 2011, 40: 247 - 257.

[21] Hsieh M H, Jeng S L. Accelerated Discrete Degradation Models for Leakage Current of Ultra - thin Gate Oxides [J]. IEEE Transactions on Reliability, 2007, 56: 369 - 380.

[22] Lu J C, Park J, Yang Q. Statistical Inference of a Time - to - Failure Distribution Derived from Linear Degradation Data [J]. Technometrics, 1997, 39: 391 - 400.

[23] Shiau J H, Lin H H. Analyzing Accelerated Degradation Data by

Nonparametric Regression [J]. IEEE Transactions on Reliability, 1999, 48: 149 – 158.

[24] Yu H F, Tseng S T. Designing a Screening Experiment for Highly Reliable Products [J]. Naval Research Logistics, 2002, 49: 514 – 526.

[25] Andonova A, Philippov P, Atanasova N. Methodology of Estimation Reliability of Highly Reliable Components by Monitoring Performance Degradation [R]. 24th Intenrational Spring Seminar on Electronics Technology, 2001.

[26] Peng C Y, Teng S T. Progressive Stress Accelerated Degradation Test for Highly Reliable Products [J]. IEEE Transactions on Reliability, 2010, 59: 30 – 37.

[27] Chang D S. Analysis of Accelerated Degradation Data in a Two – way Design [J]. Reliability Engineering and System Safety, 1993, 39: 65 – 69.

[28] Tseng S T, Wen Z C. Step – stress Accelerated Degradation Analysis for Highly Reliable Products [J]. Journal of Quality Technology, 2000, 32: 209 – 216.

[29] Tseng S T, Peng C Y. Stochastic Diffusion Modeling of Degradation Data [J]. Journal of Data Science, 2007, 5: 315 – 333.

[30] Nelson W. Applied life Data Analysis [M]. New York: John Wiley, 1982.

[31] Nelson W. Analysis of Perfprmance Degradation Data from Accelerated Tests [J]. IEEE Transaction on Reliability, 1981, 30: 149 – 155.

[32] Jeng S L, Huang B Y, Meeker W Q. Accelerated Destructive Degradation Tests Robust to Distribution Misspecification [J]. IEEE Transactions on Reliability, 2011, 60: 701 – 711.

[33] Shi Y, Escobar L A, Meeker W Q. Accelerated Destructive Degradation Test Planning [J]. Technometrics, 2009, 51: 1 – 13.

[34] Shi Y, Meeker W Q. Bayesian Methods for Accelerated Destructive Degradation Test Planning [J]. IEEE Transactions on Reliability, 2012, 61:

245 – 253.

[35] Fuller A W. Measurement Error Models [M]. New York: John Wiley, 1987.

[36] Carroll R J, Ruppert D, Stefanski L A, et al. Measurement Error in Nonlinear Models: a Modern Perspective [M]. New York: Chapman and Hall, 2006.

[37] Lin X H, Carroll R J. Nonparametric Function Estimation for Clustered Data When the Predictor is Measured with Error [J]. Journal of the American Statistical Association, 2000, 95: 520 – 534.

[38] Liang H, Wang S, Carroll R J. Partially Linear Models with Missing Response Variables and Error – prone Covariates [J]. Biometrika, 2007, 94: 185 – 198.

[39] Adcook R J. Note on the Method of Least Squares [J]. Analyst, 1877, 4: 183 – 184.

[40] Adcook R J. A Problem in Least Squares [J]. Analyst, 1878, 5: 53 – 54.

[41] Kendall M G, Stuart A. The Advanced Theory of Statistics (3rd Edition) [M]. London: Griffin, 1975.

[42] Cook J R, Stenfanski L A. Simulation Extrapolation Estimation in Parametric Measurement Error Models [J]. Journal of the American Statistical Association, 1994, 89: 1314 – 1328.

[43] Stenfanski L A, Cook J. Simulation Extrapolation: the Measurement Error Jackknife [J]. Journal of the American Statistical Association, 1995, 90: 1247 – 1256.

[44] Carroll R J, Kuchenhoff H, Lombarf F, et al. Asymptotics for the SIMEX Estimator in Structural Measurement Error Models [J]. Journal of the American Statistical Association, 1996, 91: 242 – 250.

[45] Huang X, Stenfanski L, Davidian M. Latent Model Robustness in

Structural Measurement Error Models〔J〕. Biometrika, 2006, 93: 53 − 69.

〔46〕 Kuchenhoff H, Mwalili S M, Lesaffe E. A General Method for Dealing with Misclassification in Regression: the Misclassification SIMEX〔J〕. Biometrics, 2006, 62: 85 − 96.

〔47〕 Apanasovich T V, Carroll R J, Maity A. SIMEX and Dtandard Error Estimation in Semiparametric Measurement Error Models〔J〕. Electronic Journal of Statistics, 2009, 3: 318 − 348.

〔48〕 Liang H, Thurstion S W, Rupert D R, et al. Additive Partical Linear Models with Measurement Errors〔J〕. Biometrika, 2008, 93: 667 − 678.

〔49〕 Wang N, Lin X, Gutierrez R G, et al. Bias Analysis and SIMEX Approach in Generalized Linear Mixed Measurement Error Models〔J〕. Journal of the American Statistical Association, 1998, 93: 249 − 261.

〔50〕 Wang C Y, Wang N, Wang S. Regression Analysis When Covariates are Regression Parameters of a Random Effects Model for Observed Longitudinal Measurements〔J〕. Biometric, 2000, 56: 487 − 495.

〔51〕 Cui H J, Chen S X. Empirical Likelihood Confidence Region for Parameter in the Errors − in − variables Models〔J〕. Journal of Multivariate Analysis, 2003, 84: 101 − 115.

〔52〕 Hsiao C. Consistent Estimation for Some Nonlinear Error − in − variable Models〔J〕. Journal of Econometrics, 1989, 41: 159 − 185.

〔53〕 刘继学, 张三国, 陈希孺. 自变量可重复观测的线性 EV 模型〔J〕. 中国科学: A 辑, 2006, 36: 535 − 555.

〔54〕 Carroll R J, Ruppert D, Stenfanski L A. Measurement Error in Nonlinear Models〔M〕. London: Chapmen&Hall/CRC. 1995.

〔55〕 薛留根. 非线性 EV 回归模型中参数估计的渐近性质〔J〕. 数学年刊, 2005, 26A: 351 − 360.

〔56〕 张三国, 陈希孺. 有重复观测时 EV 模型修正极大似然估计的相合性〔J〕. 中国科学: A 辑, 2000, 30: 522 − 528.

［57］张三国，陈希孺. EV 多项式模型的估计［J］. 中国科学：A 辑，2001，31：891 −898.

［58］Cui H J. Estimation in Partial Linear EV Models with Replicated Observations［J］. Science in China：Series A，2004，47：144 −159.

［59］Cui H J，Kong E F. Empirical Likelihood Confidence Region for Parameters in Semi − linear Errors − in − variables Models［J］. Scandinavian Journal of Statistics，2006，33：153 −168.

［60］Zhu L X，Cui H J. A Semi −parametric Regression Model with Errors in Variables［J］. The Annals of Statistics，2003，30：429 −442.

［61］Liang H. Asymptotic Normality of Parametric Part in Partially Linear Models with Measurement Error in the Nonparametric Part［J］. Journal of Statistical Planning and Inference，2000，86：51 −62.

［62］You J H，Chen G. Estimation of a Semiparametric Varying − coefficient Partially Linear Errors − in − variables Model［J］. Journal of Multivariate Analysis，2006，97：324 −341.

［63］Cui H J，Li R C. On Parameter Estimation for Semi − linear Errors − in − variables Models［J］. Journal of Multivariate Analysis，1998，64：1 −24.

［64］Wang Q H. Nonparametric Regression Function Estimation with Surrogate Data and Validation Sampling［J］. Journal of Multivariate Analysis，2006，97：1142 −1161.

［65］Liang H，Hardle W，Carroll R J. Estimation in a Semiparametric Partially Linear Errors − in − variables Model［J］. The Annals of Statistics，1999，27：1519 −1535.

［66］He X M，Liang H. Quantile Regression Estimates for a Class of Linear and Partially Linear Errors − in − variables Models［J］. Statist sinica，2000，10：129 −140.

［67］You J H，Chen G M. Semiparametric Generalized Least Squares Estimation in Partially Linear Regression Models with Correlated Errors［J］.

Journal of Statistical Planning and Inference, 2007, 137: 117 – 132.

[68] Zhou H B, You J H. Statistical Inference for a Semiparametric Measurement Error Regression Models with Heteroscedastic Errors [J]. Journal of Statistical Planning and Inference, 2007, 137: 2263 – 2276.

[69] Cardot H, Crambes C, Kneip A, et al. Smoothing Splines Estimation in Functional Linear Regression with Errors – in – variables [J]. Computational Statistics Data Analysis, 2007, 51: 4832 – 4848.

[70] Yi G Y, Lawless J F. A Corrected Likelihood Method for the Proportional Hazards Model with Covariates Subject to Measurement Error [J]. Journal of Statistical Planning and Inference, 2007, 137: 1816 – 1828.

[71] Stute W, Xue L G, Zhu L X. Emprical Likelihood Inference in Nonlinear Errors – in – covariables Models with Validation Data [J]. Journal of the American Statistical Association, 2007, 102: 332 – 346.

[72] Wang Q H, Yu K M. Likelihood – based Kernel Estimation in Semiparametric Errors – in – covariables Models with Validation Data [J]. Journal of Multivariate Analysis, 2007, 98: 455 – 480.

[73] Berkson J. Are There Two Regressions? [J] Journal of the American Statistical Association, 1950, 45: 164 – 180.

[74] Huwang L, Huang Y. On Errors – in – variables in Polynomial Regression – Berkson Case [J]. Statist Sinica, 2000, 10: 923 – 936.

[75] Wang L Q. Estimation of Nonlinear Berkson – type Measurement Error Models [J]. Statist Sinica, 2003, 13: 1201 – 1210.

[76] Wang L Q. Estimation of Nonlinear Models with Berkson Measurement Errors [J]. The Annals of Statistics, 2004, 32: 2559 – 2579.

[77] Cheng C, Vanness J W. Statistical Regression with Measurement Error [M]. Lodon: Arnold, 1999.

[78] Koul H, Song L. Minimum Distance Regression Model Checking with Berkson Measurement Errors [J]. The Annals of Statistics, 2009, 1: 132 – 156.

［79］ Delaigle A, Meister A. Nonparametric Regression Estimation in the Heteroscedastic Errors – in – variables Problem ［J］. Journal of the Royal Statistical Society：Series B, 2007, 102: 1416 – 1426.

［80］ 刘强, 薛留根. 带有 Berkson 测量误差的非线性半参数模型的渐近性质［J］. 北京工业大学学报, 2009, 35: 1567 – 1572.

［81］ Meister A. Nonparametric Berkson Regression under Normal Measurement Error and Bounded Design ［J］. Journal of Multivariate Analysis, 2010, 101: 1179 – 1189.

［82］ Yin Z, Gao W, Tang M L, et al. Estimation of Nonparametric Regression Models with a Mixture of Berkson and Classical Errors ［J］. Statistics and Probability Letters, 2013, 83: 1151 – 1162.

［83］ Delaigle A, Meister A. Rate – optimal Nonparametric Estimation in Classical and Berkson Errors – in – variables Problems ［J］. Journal of Statistical Planning and Inference, 2011, 141: 102 – 114.

［84］ Basagana X, Rivera M, Aguilera I, et al. Effect of the Number of Measurement Sites on Land Use Regression Models in Estimating Local Air Pollution ［J］. Atmospheric Environment, 2012, 54: 634 – 642.

［85］ Gryparis A, Paciorek C J. Measurement Error Caused by Spatial Misalignment in Environmental Epidemiology ［J］. Biostatistics, 2009, 10: 258 – 274.

［86］ Bateson T F, Wright J M. Regression Calibration for Classical Exposure Measurement Error in Environmental Epidemiology Studies Using Multiple Local Surrogate Exposures ［J］. American Journal of Epidemiology, 2010, 172: 344 – 352.

［87］ Blas B, Sandoval M C. Heteroscedastic Controlled Calibration Model Applied to Analytical Chemistry ［J］. Journal of Chemometrics, 2010, 24: 241 – 248.

［88］ Goldman G T, Mulholland J A, Russell A G. Impact of Exposure

Measurement Error in Air Pollution Epidemiology: Effect of Error Type in Time – series Studies [J]. Environmental Health, 2011, 10: 61 – 71.

[89] John P, Buonaccorsi A, Lin C. Berkson Measurement Error in Designed Repeated Measures Studies with Random Coefficients [J]. Journal of Statistical Planning and Inference, 2002, 104: 53 – 72.

[90] Kuchenhoff H, Bender R, Ingo L. Effect of Berkson Measurement Error on Parameter Estimates in Cox Regression Models [J]. Lifetime Data Anal, 2007, 13: 261 – 272.

[91] Mallick B, Owen F H, Carroll R J. Semiparametric Regression Modeling with Mixtures of Berkson and Classical Error, with Application to Fallout from the Nevada Test Site [J]. Biometric, 2002, 58: 13 – 20.

[92] Aurrore D, Peter H, Peihua Q. Nonparametric Methods for Solving the Berkson Errors – in – variables Problem [J]. Journal of the Royal Statistical Society: Series B, 2006, 68: 201 – 220.

[93] Wang L Q. A Unified Approach to Estimation of Nonlinear Mixed Effects and Berkson Measurement Error Models [J]. The Canadian Journal of Statistics, 2007, 35: 233 – 248.

[94] Tukey J W. A Problem of Berkson, and Minimum Variance Orderly Estimators [J]. The Annals of Mathematical Statistics, 1958, 29: 588 – 592.

[95] Ghosh J K, Sinha B K. A Necessary and Sufficient Condition for Second Order Admissibility with Applications to Berkson' s Bioassay Problem [J]. The Annals of Statistics, 1981, 9: 1334 – 1338.

[96] Burr D. On Errors – in – variables in Binary Regression – Berkson Case [J]. Journal of the American Statistical Association, 1988, 83: 739 – 743.

[97] Carroll R J, Delaigle A, Hall P. Non – parametric Regression Estimation from Data Contaminated by a Mixture of Berkson and Classical Errors [J]. Journal of the Royal Statistical Society: Series B, 2007, 69: 859 – 878.

[98] Koul H L, Song W. Regression Model Checking with Berkson

Measurement Errors [J]. Journal of Statistical Planning and Inference, 2008, 138: 1615 - 1628.

[99] Bolfarine H, Rodrigues J. Bayesian Inference for an Extended Simple Regression Measurement Error Model Using Skewed Priors [J]. Bayesian Analysis, 2007, 2: 349 - 364.

[100] Apanasovich T V, Carroll R J, Maity A. SIMEX and Standard Error Estimation in Semiparametric Measurement Error Models [J]. Electronic Journal of Statistics, 2009, 3: 318 - 348.

[101] Engel R, Granger C, Rice J, et al. Semiparametric Estimates of the Relation between Weather and Electricity Sales [J]. Journal of the American Statistical Association, 1986, 81: 310 - 320.

[102] Speckman P. Kernel Smoothing in Partially Splined Models [J]. Journal of the Royal Statistical Society, Series B, 1986, 50: 413 - 436.

[103] Eubank R L, Kanbour E L, Kim J T, et al. Estimation in Partially Linear Models [J]. Computational Statistics & Data Analysis, 1998, 29: 27 - 34.

[104] Hamilton S A, Truong Y K. Local Linear Estimation in Partly Linear Models [J]. Journal of Multivariate Analysis, 1997, 60: 1 - 19.

[105] Xue H Q, Lam K F, Li G Y. Sieve Maximum Likelihood Estimator for Semiparametric Regression with Current Status Data [J]. Journal of the American Statistical Association, 2004, 99: 346 - 356.

[106] 柴根象, 徐克军. 半参数回归的线性小波光滑 [J]. 应用概率统计, 1999, 15: 97 - 105.

[107] Shi J, Lau T S. Eempirical Likelihood for Partially Linear Models [J]. Journal of Multivariate Analysis, 2000, 72: 132 - 148.

[108] Wang Q H, Jing B Y. Empirical Likelihood for Partial Linear Models with Fixed Designs [J]. Statistics and Probability Letters, 1999, 41: 425 - 433.

[109] Mammen E, Geer S V D. Penalized Quasi - likelihood Estimation in

Partial Linear Models [J]. The Annals of Statistics, 1997, 25: 1014 – 1035.

[110] Wang Q H, Jing B Y. Eempirical Likelihood for Partial Linear Models [J]. Annals of The Institute of Statistical Mathematics, 2003, 55: 585 – 595.

[111] Diggle P J, Liang K Y, Zeger S L. Analysis of Longitudinal Data (2nd Edition) [M]. Oxford: Oxford University Press, 1994.

[112] Diggle P J, Heagerty P, Liang K Y, et al. Analysis of Longitudinal Data (2nd Edition) [M]. Oxford: Oxford University Press, 2002.

[113] Laird N, Ware J. Random Effects Models for Longitudinal Data [J]. Biometrics, 1982, 38: 963 – 974.

[114] Wedderburn R W. Quasi – likelihood Functions, Gerneralized Linear Models, and the Gauss – Newton Method [J]. Biometrika, 1974, 61: 439 – 447.

[115] Liang K Y, Zeger S L. Longitudinal Data Analysis Using Generalized Liner Models [J]. Biometrika, 1986, 73: 13 – 22.

[116] Demidenko E. Mixed Models: Theory and Applications [M]. New York: John Wiley, 2004.

[117] Mcculloch P, Nelder J A. Generalized Linear Models (2nd Edition) [M]. New York: Chapman and Hall, 1989.

[118] Mcculloch C E, Searle S R. Generalized Linear and Mixed Models [M]. New York: John Wiley, 2001.

[119] Zeger S L, Diggle P J. Semiparametric Models for Longitudinal Data with Application to CD4 Cell Numbers in HIV Seroconverters [J]. Biometrics, 1994, 50: 689 – 699.

[120] You J, Chen G, Zhou Y. Block Empirical Likelihood for Longitudinal Partially Linear Regression Models [J]. The Canadian Journal of Statistics, 2006, 34: 79 – 96.

[121] Li G, Tian P, Xue L. Generalized Empirical Likelihood Inference in Semeparametric Regression Model for Longitudinal Data [J]. Acta Mathematica

Sinica, English Series, 2008, 24: 2029 – 2040.

[122] Sun Y, Wu H. AUC – based Tests for Nonparametric Functions with Longitudinal Data [J]. Statistica Sinica, 2003, 13: 593 – 612.

[123] Wu C, Chiang C, Hoover D. Asymptotic Confidence Regions for Kernel Smoothing of a Varying – coefficient Model with Longitudinal Data [J]. Journal of the American Statistical Association, 1998, 93: 1388 – 1389.

[124] Martinussen T, Scheike T. A Semiparametric Additive Regression Model for Longitudinal Data [J]. Biometrika, 1999, 86: 691 – 701.

[125] Martinussen T, Scheike T. A Nonparametric Dynamic Additive Regression Model for Longitudinal Data [J]. The Annals of Statistics, 2000, 28: 1000 – 1025.

[126] Martinussen T, Seheike T. Sampling Adjusted Analysis of Dynamic Additive Regresion Models for Longitudinal Data [J]. Scandinavian Journal of Statistics, 2001, 28: 303 – 323.

[127] Lin D Y, Ying Z. Semiparametric and Nonparametric Regression Analysis of Longitudinal Data [J]. Journal of the American Statistical Association, 2001, 96: 103 – 126.

[128] Fan J Q, Li R Z. New Estimation and Model Selection Procedures for Semiparametric Modeling in Longitudinal Data Analysis [J]. Journal of the American Statistical Association, 2004, 99: 710 – 723.

[129] Fan J Q, Huang T, Li R Z. Analysis of Longitudinal Data with Semiparametric Estimation of Covariance Function [J]. Journal of the American Statistical Association, 2007, 102: 632 – 641.

[130] Xue L G, Zhu L X. Empirical Likelihood for a Varying Coefficient Model with Longitudinal Data [J]. Journal of the American Statistical Association, 2007, 102: 642 – 654.

[131] Lin X H, Carroll R J. Semiparametric Regression for Clustered Data Using Generalized Estimating Equations [J]. Journal of the American Statistical

参考文献

Association, 2001, 96: 1045 - 1056.

[132] He X M, Zhu Z Y, Fung W K. Estimation in a Semiparametric Model for Longitudinal Data with Unspecified Dependence Structure [J]. Biometrika, 2002, 89: 579 - 590.

[133] Wang N Y, Carroll R J, Lin X H. Efficient Semiparametic Marginal Estimation for Longitudinal/Clustered Data [J]. Journal of the American Statistical Association, 2005, 100: 147 - 157.

[134] Hoover D R, Rice J A, Wu C O, et al. Nonparametric Smoothing Estimates of Time - varying Coefficient Models with Longitudinal Data [J]. Biometrika, 1998, 85: 809 - 822.

[135] Wang L, Liang H, Huang J Z. Variable Selection in Nonparametric Varying - coefficient Models for Analysis of Repeated Measurements [J]. Journal of the American Statistical Association, 2008, 103: 1556 - 1569.

[136] Yang H, Li T. Empirical Likelihood for Semiparametric Varying Coefficient Partial Linear Models with Longitudinal Data [J]. Statistics and Probability Letters, 2010, 82: 111 - 121.

[137] Su Y R, Wang J L. Modeling Left - truncated and Right - censored Durvival Data with Longitudinal Covariates [J]. The Annals of Statistics, 2012, 40: 1465 - 1488.

[138] Jiang C R, Wang J L. Functional Single Index Models for Longitudinal Data [J]. The Annals of Statistics, 2011, 39: 362 - 388.

[139] Koul H L, Song W. Model Checking in Partial Linear Regression Models with Berkson Measurement Error [J]. Statistica Sinica, 2010, 20: 1551 - 1579.

[140] Delaigle A, Hall P, Qiu P. Nonparametric Methods for Solving the Berkson Errors - in - variables Problem [J]. Journal of the Royal Statistical Society: Series B, 2006, 69: 859 - 878.

[141] Meeker W Q, Escobar L A. Statistical Methods for Reliability Data

13

[M]. New York：John Wiley Press，1998.

[142] Jennrich R I. Asymptotic Properties of Non – linear Least Squares Estimators [J]. Annals of Mathematical Statistics，1969，40：633 – 643.

[143] Amemiya T. Regression Analysis When the Dependent Variable is Truncated Normal [J]. Econometrica，1973，41：997 – 1016.

[144] 杨振海，程维虎，张军舰. 拟合优度检验 [M]. 北京：科学出版社，2011.

[145] Ye H，Pan J. Modeling of Covariance Structures in Generalized Estimating Equations for Longitudinal Data [J]. Biometrika，2006，93：927 – 941.

[146] Magnus J R，Neudecker H. Matrix Differential Calculus with Applications in Statistics and Econometrics [M]. New York：Wiley，2007.

[147] Staniswalis J G. On the Kernel Estimate of a Regression Function in Likelihood – based Models [J]. Journal of the American Statistical Association，1989，84：276 – 283.

[148] Tibshirani R，Hastie T. Local Likelihood Estimation [J]. Journal of the American Statistical Association，1987，82：559 – 567.

[149] Eguchi S，Copas J. A Class of Local Likelihood Methods and Near – parametric Asymptotics [J]. Journal of the Royal Statistical Society，Series B，1998，60：709 – 724.

[150] Hu F，Zidek J V. The Relevance Weighted Likelihood with Applications，in 'Empirical Bayes and Likelihood Inference' [J]. Lecture Notes in Statistics，2001，148：211 – 235.

[151] Hu F，Rosenberger W. Analysis of Time Trends in Adaptive Designs with Applications to a Neurophysiology Experiments [J]. Statistics in Medicine，2000，19：2067 – 2075.

[152] Hu F，Zidek J V. The Weighted Likelihood [J]. The Canadian Journal of Statistics，2002，30：347 – 371.

［153］ Guo P, Wang X, Wu Y. Data Fusion Using Weighted Likelihood ［J］. European Journal of Pure and Applied Mathematics, 2012, 5: 333 – 356.

［154］ Wang X, Van E C, Zidek J V. Asymptotic Properties of Maximum Weighted Likelihood Estimators ［J］. Journal of Statistical Planning and Inference, 2004, 119: 37 – 54.

［155］ Wang X, Zidek J V. Derivation of Mixture Distributions and Weighted Likelihood Function as Minimizers of KL – divergence Subject to Constraints ［J］. Annals of the Institute of Statistical Mathematics, 2005a, 57: 687 – 701.

［156］ Wang X, Zidek J V. Selecting Likelihood Weights by Cross – validation ［J］. The Annals of Statistics, 2005b, 33: 463 – 500.

［157］ Liang H. Estimation in Partially Linear Models and Numerical Comparisons ［J］. Computational Statistics and Data Analysis, 2006, 50: 675 – 687.

［158］ Liang H, Wang S, Robins J, et al. Estimation in Partially Linear Models with Missing Covariates ［J］. Journal of the American Statistical Association, 2004, 99: 357 – 367.

［159］ Guo P, Wang X, Wu Y. Data Fusion Using Weighted Likelihood ［J］. European Journal of Pure and Applied Mathematics, 2012, 5: 333 – 356.

［160］ Ruppert D, Sheather S J, Wand M P. An Effective Bandwidth Selector for Local Least Squares Regression. Journal of the American Statistical Association ［J］, 1995, 90: 1257 – 1270.

［161］ Acosta E, Wu H, Hammer S, et al. Comparison of two indinavir/ritonavir regimens in the treatment of HIV – infected individuals ［J］. Journal of Acquired Immune Deficiency Syndromes, 2004, 37: 1358 – 1366.